国家自然科学基金青年科学基金项目 项目号：51108309

中国开埠城市研究系列丛书，天津城市研究与设计系列丛书

基于空间仿真分析的天津城市空间演进研究

侯鑫　王绚　著

U0218346

天津大学出版社
TIANJIN UNIVERSITY PRESS

内容提要

　　本书作为开埠城市系列研究的首部专著，首先从理论层面分析了以技术为导向的街区空间研究趋势，内容包括元胞自动机和多主体仿真技术的特点及应用；随后从宏观与微观角度对天津城市街区空间发展的结构与特色演变开展研究，通过对街区空间演变过程及动力机制的分析，介绍了街区空间要素因子在城市空间演化中的作用。本书可供从事城市规划管理、城市规划设计与建筑设计等工作的人员使用，也可供相关高等学校的师生阅读和参考。

图书在版编目 (CIP) 数据

　　基于空间仿真分析的天津城市空间演进研究 / 侯鑫，王绚著 .
-- 天津：天津大学出版社 , 2021.03
（中国开埠城市研究系列丛书 . 天津城市研究与设计系列丛书）
国家自然科学基金青年科学基金项目 项目号：51108309
ISBN 978-7-5618-6432-6

Ⅰ . ①基… Ⅱ . ①侯…②…王 Ⅲ . ①城市空间－研究－天津

Ⅳ . ① TU984.221

中国版本图书馆 CIP 数据核字 (2019) 第 126451 号
JIYU KONGJIAN FANGZHEN FENXI DE TIANJIN
CHENGSHI KONGJIAN YANJIN YANJIU

出版发行	天津大学出版社
地　　址	天津市卫津路 92 号天津大学内（邮编：300072）
电　　话	发行部 022-27403647
网　　址	www.tjupress.com.cn
印　　刷	廊坊市瑞德印刷有限公司
经　　销	全国各地新华书店
开　　本	787mm×1092mm 1/16
印　　张	12.25
字　　数	270 千
版　　次	2021 年 3 月第 1 版
印　　次	2021 年 3 月第 1 次
定　　价	88.00 元

序 言
PREFACE

侯鑫老师是我第一位毕业的博士研究生。他从 2005 年步入教学岗位至今已有将近 20 年的时间，已经成长为天津大学城乡规划系教学的中坚力量。他从留校开始，一直兢兢业业地将工作重心放在教育教学上，已成长为副教授及博士生指导教师。长期以来，他在教学科研中精心指导学生，在国际、国内的设计竞赛中获奖 40 余项。他主要参与组织的存量规划设计作业展览至今已坚持 8 年，成为享誉国内规划教育界的天津大学城市设计教学名片。侯鑫老师的科学研究与他学习生活的经历紧密相关，关注开埠城市的发展及城市文化等问题，近年来又转而关注城市空间的量化分析，本书就是这两方面研究成果的凝结。

量化模型在城市规划领域的大规模应用始于 20 世纪 50 年代，计量革命和定量分析进入规划领域后在 20 世纪 60 年代出现第一次高潮。早期的模型多采用自上而下的宏观角度，包括空间交互模型、土地与交通交互模型等。20 世纪 70 年代，由于城市数据、计算能力、建模成本的限制，以及研究人员对城市复杂性估计不足，学界对量化模型的准确度产生质疑，规划领域的量化模型应用陷入低谷。 进入 20 世纪 90 年代，IT 革命的兴起、计算机的普及以及 GIS（地理信息系统）在学界的广泛采用，量化模型的第二次应用高潮出现。这期间的数字模型多采用自下而上的微观研究角度，强调个体行为的自治性和动态性，代表性的有元胞自动机模型、基于个体建模模型、空间非均衡模型以及大数据模型等，近期的成果逐渐呈现宏观与微观相结合的趋势。

开埠城市作为我国近代开放的口岸城市，在长期发展中形成了具有独特风格的城市形态，也是我国城市走向现代化的开端，一直处于城市经济发展的前列。开埠城市形成于中外文化的交流碰撞，作为中国近代城市文化的起源地和城市功能的核心，是我国历史文化遗产的重要组成部分。对于开埠城市的研究，史学界、社会学界起步较早，而建筑和规划界的研究发挥了其专业特长，在深度和广度上均有延伸。

本书是应用量化模型进行开埠城市发展历史及形态分析的一本专著，研究方法与当下方兴未艾的计量经济学的历史研究有颇多契合之处，而研究的内容又是基于建筑与城市规划领域，应当说这是一本"跨界"之作，从技术方法到研究结论均有诸多启迪。

近年来，侯鑫老师将自己的业余爱好——摄影结合到教育与社会工作中，成功"跨界"，发起成立了天津市城市规划学会城市影像专业委员会，在天津市举行系列摄影展览、讲座，进行拍摄活动，引起了不小的社会反响。我也很欣喜地看到在这本书里有很多他的摄影佳作，为书籍增色不少。我衷心地祝贺本书的出版，也希望他在今后的教学、科研及社会工作中取得更多的成绩！

2021 年 3 月

开埠城市引领中国城市的现代化转型，在中国近代城市发展史中具有重要地位。本书以开埠城市的街区演变为研究对象，探讨演变过程中不同文化的冲突与交融，以期为今日之城市研究提供借鉴，在全球交流日益紧密的情况下，其研究意义更为凸显。

作为北方开埠城市的代表，天津街区空间演变的过程颇具典型性。本书首先分析了天津从开埠到当代街区发展的历程，随后分析了以技术为导向的街区空间研究趋势，重点介绍了微观仿真技术在街区空间研究中的应用。书中详细介绍和评价了元胞自动机 (CA) 和多主体仿真技术 (MAS) 的街区空间应用，并根据开埠城市街区研究的特点选取多主体仿真技术为研究手段。

本书分别从宏观与微观角度对天津城市街区空间发展的结构与特色演变进行梳理、研究，总结街区作为复杂系统所呈现出的空间演变特征，特征主要体现在街区系统的多层次性、演变过程的开放性与动态性、街区要素的自适应性等几个方面。针对天津街区空间演变的复杂性，采用自下而上的模拟手段——多主体仿真技术（依托 NetLogo 技术平台），选取天津街区空间演变中的三个现象——宏观层面的"民国时期天津商业中心的转移现象"、"近代天津商业中心在动力机制合力下的演变"和微观层面的"当前天津商业步行街的活力差异现象"，分别建立了多主体仿真模型加以解释论证，通过对街区空间演变过程及动力机制的分析，深化了解街区空间要素因子在城市空间演化中的作用。

通过对上述多主体仿真建模过程及仿真成果的研究分析，本书指出多主体仿真技术作为一种自下而上的复杂系统分析工具，与传统的自上而下的、通过数据统计、归纳来总结街区尺度、比例等空间特征变化的思路有所不同，较适合于模拟自发性街区要素的复杂属性和相互关系，在研究动态的空间演变问题时具有一定优势；其独特的视角也为城市空间及建筑理论研究提供了一种新的工作模式。同时，该技术在模型建构及结果分析方面还存在应用难点，有待在后续研究中深化。

编者

2021 年 3 月

目录
CONTENTS

目 录
CONTENTS

第一章 绪论

澳门历史街区

1.1　研究内容与意义

开埠城市是中国近代史上最为独特的城市形态之一，其城市建设引领了中国城市的现代化转型，在中国近代建筑史上具有重要地位。从 1842 年《南京条约》开辟五口通商以来，开埠城市形成了与传统城市明显不同的城市与街区空间特色，其空间演变的复杂现象也在城市、街区、建筑各个层面涌现出来。同时，由于开埠现象的历史特殊性，开埠时期建设的街区与建筑还具有文化意义，亟需使用科学的方法对其保护利用。

天津是北方开埠城市的代表，其经济的崛起与城市的快速发展与开埠城市背景密切相关。天津开埠时间较早，开埠面向国家最多，特别是开埠后各国在天津建设的租界面积较大，直接影响了天津城市结构及街区空间的演变进程。

天津的街区建设及演变是极其复杂的。从时间维度看，开埠时期的城市街区建设破除了中国传统城市街区的发展模式，在天津大面积的租界建设中实践了西方各国彼时的规划思想与建筑技术，百年来的发展与融合过程使得天津新的街区建设在很大程度上受到了租界街区的影响。从空间维度看，正因为天津开埠城市的特殊性，不同的街区空间设计在同一时空范畴得以并列建设。而街区建设作为一种大规模的持续行为，前一阶段的规划并不可能随着新阶段的开始完全消解，所以天津的街区肌理至今存留着开埠时期建设的特征及痕迹。

在开埠城市的背景下研究天津街区发展演变现象中的规律和机制，实际是剖析天津政治、经济、文化等各方面受到开埠影响且这些因素共同影响街区规划及设计的过程。在这个过程中，城市街区空间发展演变有的得到上层规划指导，但更多的是街区中人、经济要素、环境要素等之间关系的自发协调发展，体现出街区作为系统存在的自组织性。利用复杂系统理论理解街区各个层面涌现出的现象，并应用计算机方法对现象进行仿真模拟，更便于抛开"自上而下"的分析论的枷锁，从新的视角理解天津城市街区功能及形态的形成。

在理论上，本书通过复杂系统理论分析空间并以多主体仿真技术分析开埠城市空间的演变过程，将复杂系统理论与城市空间理论结合，并通过讨论多主体仿真技术在规划与建筑研究中应用的优势及不足，拓展街区空间的研究角度与方法。本书涉及的研究将多主体仿真方法应用在天津城市街区空间演变中，对其时间维度上的宏观现象和空间维度上的微观现象的涌现机制作出解答，通过研究可以为街区城市设计及功能结构的更新发展策略提供指导。

1.2 相关背景及研究概况

1.2.1 开埠城市背景及研究概况

1. 开埠城市背景

（1）开埠城市的产生及分布

清道光二十年（1840 年），英国发动了侵略中国的鸦片战争，用战舰大炮敲开了中国的门户，西方列强接踵而来，胁迫清廷签订了一系列丧权辱国的不平等条约，使清政府先后开放沿海、沿江、边境地区的主要城市为通商口岸，并凭借强权圈占土地，建立租界。此外它们还在内地的主要城市自开商埠。

通商开埠拉开了近代中国现代化的序幕，也造就了一批新型城市形态——开埠城市。在这里开埠城市是指中国近代史上通过签订不平等条约而对资本主义国家开放并与其通商，给予其免税贸易权、领事裁判权或铁路修筑权的城市。

这些城市具有很多共同的特征，它们的地理环境非常优越、交通运输条件十分便利，可以分成如下几类：海上贸易和军事价值较大的港口城市、拥有发达工商业的内陆沿江城市、铁路干线集中的枢纽城市、内陆地区的重要军事要塞等。总之，帝国主义对中国的侵略就是为了解决其内部矛盾，具有明确的政治、经济和军事目的。许多城市由于兼具诸多优势而成为西方帝国主义争抢的对象，开辟了多国租界，如天津、上海、重庆等。

开埠城市可分为"标准条约口岸""条约规定开放的自开口岸""外轮停靠、上下客货码头及上下搭客之处""自开通商口岸"4 类。

据统计，自 1842 年《南京条约》开辟五口通商至 20 世纪 40 年代，近代中国的开埠城市共有 122 个。

（2）开埠城市与近代建筑

不同学者对中国近代建筑发展分期的界定虽然有所区别（表 1-1），但开埠、殖民输入等外来因素明显影响了中国近代建筑，特别是其早期的发展。

由外国人主导的建筑活动如租界规划建设，避暑地建设，租界内的别墅、教堂、银行等单体建筑建设代表了中国近代建筑发展过程中一条重要的路径，也同时反映出政治、社会、经济各个层面的变迁。

开埠城市的租界建设是外来因素对中国近代建筑影响的集中体现，是一个从被动接受到主动回应的过程。在中国近代史中，向西方学习的士绅和知识分子中不少人（如郭嵩焘、容闳、王韬、康有为等）都是先从租界中得到了中国传统文化之外的西方世界的直观印象。"览西人宫室之瑰丽，道路之整洁，巡捕之严密，乃始知西人治国有法度，不得以古旧之夷狄视之。"[1] 直观的景象冲击引发了中国先进知识分子对本国街区建筑现状的反思，从而积极进行改革与实践。

中国近代建筑发展的几个层次，如城市形态演变、建筑样式发展演变、建筑技术及教育的发展在通商口岸开辟后均显示出明显的西化转折（表1-2），而数量逐渐增多的开埠城市正是为这些西方规划、建筑提供建设场所的实践地。特别是在20世纪初到1937年日本发动全面侵华战争前这段时间，近代中国城市与建筑的发展逐步步入盛期，这是一场在租界"外力"主导下进行的建设及中国本土对于外来先进技术的对抗、接纳与消化的复杂过程。

（3）开埠城市发展现状

开埠城市最早体现出中国城市的现代转型，突破了封建社会时期的缓慢发展阶段，城市空间开始了整体的变革和转型，在规模、功能、结构、性质上均发生了明显的变化。开埠城市成为全国城市现代化转型的基点，并向周边区域辐射，带动了一批城市的发展。

对比城市GDP（国内生产总值）水平分布图与各省开埠城市数量密度图，可以发现环渤海地区、长江三角洲地区、珠江三角洲地区等经济水平较为突出的地区都是开埠城市数量较多的地区。此外，开埠城市分布与国家水路网空间位置关系密切，显示出开埠城市在当前的城市建设中依旧占有重要地位。

表 1-1 部分著作关于中国近代建筑历史分期的比较

作者	论著	发表或出版年代	近代建筑的历史分期
中国近代建筑史编辑委员会	《中国近代建筑史（初稿）》	1959年（未正式出版）	1）19世纪中叶至1919年； 2）1919年至1940年代末
中国建筑史编辑委员会	《中国建筑史第二册中国近代建筑简史》	1962年（中国建筑工业出版社）	1）1840—1895年，产生初期； 2）1895—1919年，发展时期； 3）1920年代—1930年代，重要发展期； 4）1930年代末—1949，停滞期
王绍周	《中国近代建筑概观》	1987年（《华中建筑》第2期）	1）1840—1895年； 2）1895—1919年； 3）1919—1937年； 4）1937—1949年

续表

作者	论著	发表或出版年代	近代建筑的历史分期
赵国文	《中国近代建筑史的分期问题》	1987 年（《华中建筑》第 2 期）	1）1840—1863 年，肇始期； 2）1864—1899 年，工业发展期； 3）1900—1927 年，组织建立期； 4）1928—1948 年，第一实践期； 5）1949—1977 年，第二实践期
陈朝军	《中国近代建筑史（提纲）》	1992 年（第四次中国近代史研讨会交流论文，重庆）	1）1840—1853 年，五口通商时期； 2）1864—1900 年，殖民内侵时期； 3）1865—1894 年，同治中兴时期； （4）1894—1911 年，瓜分豆剖时期； （5）1911—1924 年，民族复兴时期； （6）1924—1937 年，技术进步时期； （7）1937—1949 年，抗日战争时期； （8）1949—1959 年，尾声
陈纲伦	《"从殖民输入"到"古典复兴"——中国近代建筑的历史分期与设计思想》	1991 年，《第三次中国近代建筑史研讨会论文集（中国建筑工业出版社）》	（1）19 世纪中叶—20 世纪初，"殖民输入"期 （2）1909—1926 年转折，"国际折中主义"期 （3）1926—1933 年结束，"古典复兴"期
杨秉德	《中国近代城市与建筑》	1993 年（中国建筑工业出版社）	（1）1840—1900 年，初始期； （2）1900—1937 年，发展盛期； （3）1937—1949 年，凋零期
邹德侬	《中国现代建筑史》	2003 年（机械工业出版社）	1920 年代末—1940 年代：现代建筑发源及弱势时期（归并入中国现代建筑史）
邓庆坦	《图解中国近代建筑史》	2009 年（华中科技大学出版社）	（1）1840—1900 年，初始期； （2）1901—1927 年，发展期； （3）1927—1937 年，兴盛期； （4）1937—1947 年，凋零期
沈福煦	《中国建筑史》	2012 年（上海人民美术出版社）	（1）19 世纪末以前，突破期； （2）20 世纪初，活跃期； （3）20 世纪中叶，繁盛期

表格来源：刘亦师 . 中国近代建筑发展的主线与分期 [J]. 建筑学报 ,2012(10):70-75.

表 1-2 中国近代建筑发展的 4 个历史分期

分期	重要年份	该年政治历史大事件	近代思想史大事件	中国近代城市形态演变	近代建筑样式的发展演变	近代建筑技术及教育的发展	思想变迁
近代建筑的发轫期（1840—1895年）	1840年	第一次鸦片战争开始	师夷长技以制夷	五口通商，租界出现，但大部分城市未受冲击	1) 内陆地区建筑受西方冲击较小，或在工艺、技术等方面延承传统做法；2) 西方折中式建筑被引入租界	西方建筑的结构体系及建造技术于1870年代之后被系统译介引进（如《江南制造总局译刊》）	中体西用
	1860年	1) 第二次鸦片战争结束；2) 洋务运动开始	1) 制器、商战、利权；2) 中学为体，西学为用	开埠城市数量增多，西方影响增大			
	1895年	甲午战争结束、《马关条约》签署					
发展期（第1阶段）（1896—1927年）	1897年	"租借地"出现	1) 戊戌变法；2) 民族主义思想兴起；3) 立宪运动 + 地方自治："师夷"→"变法"，"变器"→"变道"；4) 孙中山发表《实业计划》(1921)	1) 租借地城市发展（德占青岛，俄占旅大等）；2) 俄国铺设中东铁路；3) 张謇等人开展地方近代化运动；4) "新政"下的新城区规划及建设；5) 日本在南满地区经营满铁附属地；6) 北洋政府主导下的新城开发及城市公园制度；6) 建筑保护运动开始（曲阜，1922年）	1) 由外国人统一规划建设的殖民地城市出现；2) 教会大学建筑主要模仿中国传统形式；3) "新政"新区建筑仿效租界建筑样式；4) 广州、厦门等地陆续出现新骑楼建筑	1) 钢筋混凝土结构被引进（岭南大学马丁堂，1906）；2) 外国施工承包公司在华业务扩大及本土公司承接部分重要项目；3) 外国建筑师在华活动加强；4) 中国第一代建筑师登上历史舞台	西方化 → 近代化
	1898年	戊戌维新					
	1901年	《辛丑条约》签署；清政府实行"新政"					
	1905年	日俄战争结束；清政府预备仿行宪政					
	1911年	辛亥革命					
	1927年	北伐成功					
发展期（第2阶段）（1928—1937年）	1928年	南京国民政府成立	1) 文化建设；2) "全盘西化"与"现代化"道路之争	1) "首都计划"(1928)；2) 上海、武汉及广州等城市规划；3) 地方政权的建设（东北、山西、西南、江西等）；4) "新京"规划(1932年)等伪满城市规划及建设	1) 民国政府主导下的"中国固有形式"建筑；2) 长春的日本"兴亚式"建筑	1) 钢筋混凝土结构建筑大量出现（南京、上海、长春）；2) 近代建筑教育体系形成；3) 营造学社、建筑师协会等组织成立	民族认同 + 近代化
	1931年	"九·一八"事变					
	1937年	"七七"事变					

续表

	1938 年	国民政府内迁		1) 战时内陆城市的城市化及近代化发展；2) 解放区的城镇发展；3) 日本侵占地城市规划，如大同及北平城市计划；4) 主权统一背景下民国政府设想的全面规划，如大上海规划	1) 工业内迁促进内陆地区的建设发展；2) 延安的生产、居住模式等成为中华人民共和国成立后单位空间的原型	日本现代主义建筑师在华设立事务所（远藤新、前川国男）或参与殖民地建设项目（坂仓准三、丹下健三等）	
发展期（第 3 阶段）（1937—1949 年）	1941 年	太平洋战争爆发					
	1943 年	治外法权收回					
	1945 年	抗战胜利					
	1949 年	中华人民共和国成立					

来源：刘亦师 . 中国近代建筑发展的主线与分期 [J]. 建筑学报 ,2012(10):70-75.

2. 开埠城市研究概况

开埠城市的变化折射出中国近代社会的变迁，因此受到国内外史学界和社会学界的高度关注。马士 (H.B.Morse) 是最早对近代中国开埠城市进行学术研究的西方学者之一，中国史学界在 20 世纪 80 年代以后也开始了对开埠城市的研究。在建筑和规划界，日本及欧洲学者出于对本国殖民在中国印迹的关注，开始了对中国近代开埠城市的研究，中国国内的相关研究已深入单个城市，介绍上海、哈尔滨、天津等开埠城市中近代建筑的专著相继出版。

（1）开埠城市整体研究

基于空间理论的开埠城市研究可分为对开埠城市整体的平行对比研究和对单个开埠城市的研究。整体研究如杨秉德 [2] 以上海、天津、武汉等城市作为主要研究对象，深入探讨了中国近代建筑发展中的中西文化交汇、碰撞、吸纳的历史过程；侯鑫 [3] 从文化生态系统的角度出发，系统地分析了天津、青岛、大连等受外来文化影响而发展的独特城市文化，及其产生发展的生态过程和文化生态结构；雷蕾 [4] 从对比归纳的角度对大量开埠城市展开研究，通过对开埠城市与传统城市以及不同开埠城市之间进行对比来归纳其共性与个性，阐述了开埠是如何影响这些城市的社会文化、城市布局以及建筑形式的；蔡云辉 [5] 基于被动开埠城市和主动开埠城市的开埠城市分类，对比了两种开埠城市的政治、经济、人口、分布等特点；孙晖、梁江 [6] 从区位特征、用地布局、街廓肌理、街道交通几个方面探讨了近代殖民商业中心区的典型结构模式和形态；大里浩秋和孙安石 [7] 为租界史研究提供了来自日本学者的史料及观点，对近代日本在杭州、苏州、汉口、天津等地租界的空间特征及发展做了论述。李季 [8] 以广西南宁、柳州、梧州、北海为研究对象，从城市规划史的角度考察了广西近代城市建设的历史演变过程，研究了 4 个城市的近代城市规划实践及其特征，在时间、内容、模式、类型及性质等方面进行探讨比较与总结。黄志强 [9] 以山东省济南、潍县与周村三个自开区域为例，从经济、城市实体与思想意识三方面重点探讨三地开埠所影响的山东区域社会的变迁。

另外，国内对于单个开埠城市的研究以上海、天津、青岛、大连等受开埠影响较大的城市为主，研究者从文化背景、发展历程、形态特征等角度对各个开埠城市街区展开了详细论述。其中，作为中日双方近代建筑史研究会合作研究的成果，《中国近代建筑总览》[10]丛书涵括的开埠城市分册如厦门篇、天津篇、青岛篇等，较为详尽地展现了每个城市主要近代建筑的图片、数据资料，租界建筑是其不可忽略的部分。李慧亚[11]以历史地图和文字史料为核心，选取1902—1937年五口通商口岸之一的厦门本岛的城市建设情况为研究对象，采取文献研究法、基于史料整合的城市空间转译法、历史地图叠加分析法探究其城市空间的变迁情况。陆涵[12]通过总结南京近代城市空间的阶段演化特征，分析在大事件干扰下空间功能和结构发生的改变以及空间自身对于这种干扰的应对表现。

（3）基于街区的开埠城市研究视角

街区是一个比较笼统的概念，狭义的街区一般指以道路分隔、具有一定面积范围的建筑地块，包含建筑及其周围环境。而广义的街区在面积上没有确定的要求，根据城市规划特点，街区规模由大到小可以被界定出好几个层级。以分隔地块的道路作为衡量街区尺度的参照，城市道路按等级可以分为主干路、次干路、支路以及其他级别能够构成网络系统的道路，道路分隔的区域面积各异、数目庞大，并不能将之全部称为街区。街区还应具有有机性，这种有机性体现在其内部组成要素的共同属性上，如地块所属权、地块区位、地块功能、使用者性质等。本书所讨论的街区是广义的街区，指的是由道路系统分隔的、内部要素具有一定共同属性的区域。

在目前对开埠城市的空间研究中，从研究对象的规模层次上看，街区研究主要有如下3种角度。

一是在规划布局层面对城市主要街区或租界区肌理、空间结构的梳理和对比分析。如孙晖、梁江[6]通过阐述大连城市形态历史格局的结构和肌理特征，研究了大连城市半网状结构与街廓尺度的关系；周瑾、谢玲[13]将大连城市肌理的形成分为了原生聚合阶段、跨越发展阶段和跨越扩展阶段，分析了自然和政治在城市肌理演变中的作用；陆烨[14]从社区构成的元素——规划管理、特色人群和社会生活空间分布等方面出发，对上海法租界社区的街区特色形成要素进行了探究；张寞轩[15]从宏观层面对天津市城市空间形态演变进行时段划分，针对各时段典型的街区空间，从街区尺度、内部组织和空间结构3方面进行空间特征剖析并分析其形成原因。

二是在建筑层面对开埠城市的建筑类型、风格、功能进行阐述与分类。如荆其敏、邱康等[16]以城市规划和建筑艺术的观点评价了天津旧城市与建筑的艺术特征；罗小未[17]以建筑实例说明了上海复合多元文化下造就的建筑风格，将其总结为从实际出发、敢于创新、朴实无华等；

刘婷婷[18]通过调查天津 Art Deco（装饰艺术）风格建筑，剖析了其特点、历史意义、现状分布以及现存的问题；陈霁[19]从规划、建筑技术、建筑风格、建筑功能等角度全面阐述了德租时期青岛建筑的发展及中西融合的现象；杨超[20]以天津和上海两大城市的开埠建筑为例，通过对比分析当代城市的更新和重建过程，对如何在保存当地开埠建筑地域特色元素独创性的基础上汲取再造的方法和策略进行探索；张伊檬[21]以 3 个典型租界地块的建筑环境遗存作为主要研究对象，探析近代天津租界建筑的形成及发展脉络，对建筑装饰与街区、院落、室内等空间环境的关系进行了梳理和论证；张笑笑[22]梳理得出芜湖近代建筑发展演变的过程，整理出芜湖近代建筑的基本形态，并归纳为"五种风格"和"五种空间模式"。

　　三是选取一个局部做深入的纵向剖析。比如对街区的道路、开敞空间等单类元素或者单类建筑进行分析。王方[23]通过对上海近代公共租界道路建设中的征地活动的研究，认为公共租界道路空间的形成可被近似地理解为这种复杂社会活动的空间化；罗婧[24]通过分析开埠早期上海城市道路建设和城市格局的形成过程，探讨租界城市在母国影响下的城市规划问题；曾艺元[25]以近代汉口为研究对象，从道路空间演变的视角，探究从传统商业市镇发展为近代国际商埠的过程中汉口的城市规划与建设历程，挖掘隐含在空间变迁中的文化冲突与发展逻辑，试图揭示近代中国城市规划本土化的过程；王福云[26]将青岛近代建筑中的外国别墅及其室内外环境艺术作为研究对象，指出其在近代青岛城市形成发展中的重要地位；梅青、陈慧倩[27]将上海老城区的石库门与市民的城市生活相联系，论述了上海近代居住建筑演化的过程，并探讨了保护或改造策略，以期为其可持续发展提供建议；周麟等[28]基于空间句法理论与方法，对汕头市旧城中心区——小公园开埠区的空间形态演变进行多尺度分析，将小公园开埠区的空间形态演变归纳为街巷、嵌套结构与区位 3 个层次。

　　街区研究方法主要包括定性分析和定量分析。在定性分析角度上，研究人员多结合开埠城市街区建设的历史及政策，考察街区空间与社会政治、经济、文化各个层面的关系及相互影响。如刘海岩[29]论述了天津通商口岸的开辟和租界的划定是如何引发社会变革和城市空间演变的；寇荣鑫[30]以大连近代历史发展为线索，阐述了其近代历史文化变迁的阶段和各阶段对城市风格形成的影响；王方[31]回溯历史，总结了 1843 年到 1937 年上海外滩英领馆街区建筑变迁的内部原因和外部特征，分析了街区变迁的原因、保护价值，并探讨了其保护与开发的现状；李振华[32]对上海的城市发展历史进行考察，深入分析开埠通商与口岸城市现代化之间的关系。

　　首先，在定量分析角度上，研究人员采用以地理信息系统平台、空间句法为主的技术手段对街区形态进行分析。如牟振宇[33]将历史地理学和地理信息系统结合，在地理信息系统GIS 平台上复原了上海法租界地区的空间从形成到扩展的具体过程，剖析了其演变的实现路径和驱动机制；王晓萍[34]构建了基于 GIS 和 VR（虚拟现实）技术的城市空间分析方法和分析框架，并以此展开以天津为例的实证研究；王涛[35]以青岛现状街道空间作为研究对象，运用空间句法理论对其进行科学的量化分析，总结了青岛老城区街区空间的特征及其与城市整体的关系；吕耿[36]将空间句法技术运用在哈尔滨三马地区的空间策略规划中，探讨了如何合理确定该地区的空间结构和功能布局；褚峤[37]借助空间句法的理论与方法，从城市演变过程以及街区空间与功能的互动关系两方面探析了影响道外历史街区中心性变化的空间因素及街区适应时代变化的空间肌理。

其次，一些研究者根据已有研究自己拟定评价体系对街区及建筑现状进行较为客观的判定。如赵燕慧[38]在细致调查了大连市中山广场街区及其周围近现代公共建筑后，以一套系统的评价方法对其内部空间、外部形态、建筑基地周边环境及使用情况作出客观评价，从而总结了建筑的利用现状及问题；刘敏[39]探讨了青岛历史文化名城价值的评价标准与文化生态保护更新的理论与策略，以期对历史文化名城中其他殖民城市的评价起到借鉴作用；张韵[40]运用统计学方法，以居民感知作为衡量标准，对以租界为主的市内几个街区的特色进行了评价；朱寅歌等[41]建立历史街区的地下空间评价指标体系，构建历史街区地下空间评价模型，明确历史街区地下空间开发价值分级标准以及开发方式，并以青岛中山路历史街区为例进行了地下空间开发价值评估。

在研究维度上，除了立足于对现象及特征进行阐述的空间维度研究，还有立足于时间维度，主要关注街区空间演变过程与动力的研究，如王宁[42]、宋静[43]、孙永青[44]、徐萌[44]基于史料收集与现状调研分别对天津原法租界、原日租界、原意租界、原英租界的空间形态演变及当前空间形态进行了解析。

在研究关注点上，除了城市空间理论研究，对于历史街区的保护研究也得到研究者的重视，如青木信夫和徐苏斌[45]从文化遗产保护角度阐述了天津租界的特色和保护建议；凌颖松[46]从制度建设、典型实践两方面回顾了1988—2007年间上海近现代历史建筑保护领域的变化，展现了其背后价值认识及保护观念的发展；赵秀萍[47]从可持续发展角度反思了天津的租界区整顿与改建过程中的得失；朱晓明、古小英[48]对上海石库门里弄保护与更新的4种具体方式进行了总结，分析了政策、资金与社会多层面合力推动在建筑保护中的作用；于梦瑾[49]以烟台朝阳街历史街区及其建筑为研究对象，对影响朝阳街演变的重要因素进行详细分析，揭示其产生和演变动因，提出朝阳街历史街区整体发展的可行性建议以及建筑保护与更新的策略，并聚焦研究历史街区中心街道——朝阳街的空间节点的规划与设计；王丽[50]分析了山东省济宁市竹竿巷历史文化街区在历史演进过程中存在的问题，提出整治街巷建筑、传承城市肌理、调整业态、营造文化展示空间和公共活动空间、培养居民公众参与的积极性等方面的街区保护更新策略。

1.2.2 多主体仿真技术及研究概况

1. 多主体仿真技术

"复杂性是我们生活的世界的一个关键特征，也是共同栖居在这个世界上的系统的关键特征"[51]。我们所处的环境、社会在很多层面上体现出复杂、系统的非还原性、动态性和自适应性，在研究复杂系统时，应用传统的数学方法和实验方法有一定困难，仿真方法正逐渐发展为复杂系统领域的主要研究方法之一，得到普遍应用。仿真方法多依托计算机技术，将真实系统进行抽象，以计算机仿真模型模拟真实系统的运行，达到求解真实系统特征与规律的目的[52]。多主体仿真（Multi-Agent Simulation，MAS）是目前应用较为广泛的一种计算机系统仿真技术，它将系统宏观现象看作系统微观个体间相互作用的结果，通过剖析系统中微观个体的行为及相互作用，建立仿真模型，探究宏观现象的微观机理。

2. 研究概况

目前，多主体仿真技术被应用于自然科学以及社会科学的许多领域。在自然科学领域中，其被用于如研究晶体形成、沙堆崩落等物理现象，反应扩散、层析等化学现象等。相对而言，对由智能性和适应性的微观个体所组成的复杂系统的建模，多主体仿真技术的适用性更为显著，这类研究多集中于生物系统、人类社会等，研究的典型问题如生物群体（鸟群、鱼群等）的运动，人类社会中社会关系的形成、演变，金融市场的竞争、合作等现象。在城市规划和建筑领域，根据研究系统的规模，可分为宏观模拟和微观模拟两部分。

（1）宏观模拟

这一层次的研究主要关注两个方面：一是以解释为目的的理论研究，如城市规划及政策模拟、城市空间适宜性模拟、城市交通模拟等；二是以预测为目的的应用研究，如城市空间扩展模拟、城市设计结果模拟、城市功能选址模拟等[53]。麦克•贝蒂（Michael Batty）在受环境限制条件下的扩散模型的基础上，以传染病扩散机理来理解城市并建立了相应的多主体模拟模型[54]；美国伊利诺伊工学院的马丁•费尔森（Martin Felsen）和西北大学的托马斯（Thomas Lechner）、本•沃森（Ben Watson）以及 Uri Wilensky 等人基于 NetLogo 平台开发的 Citybuilder 软件借助一系列的主体构建特定的城市主体如地产开发者、规划管理者、道路建设者等来模拟土地开发过程中商业区域和居住区域的分布[54]；钮心毅、宋小东[55]将元胞自动机整合到 GIS 中，在 MCE 决策矩阵理论的基础上建立了对于土地利用适宜性的分析方法，并在山东省广饶县总体规划的前期工作中利用这种方法从适宜性角度对土地利用进行了分析和预测；杨青生和黎夏[56]结合多智能体 (Agent) 和元胞自动机 (CA)

来模拟城市用地的扩张，对广东省东莞市樟木头镇 1988 年到 1993 年间的城市用地扩张进行了模拟，得出了与实际较为相似的模拟结果；彭翀、杜宁睿等 [57] 运用多主体模型模拟了武汉部分地区居住用地的扩展，评价了其应用优势；林波、薛惠锋等 [58] 总结了多主体仿真技术在城市仿真中的应用，并模拟了城市空间中的家庭、工业企业和商业企业 3 类典型主体的迁移、发展、消亡等具体行为，构建了城市空间演化的多主体仿真模型框架；王绚等 [59] 依托 NetLogo 仿真平台，以 20 世纪初电车交通影响下天津市商业中心的转移为例建立多主体仿真模型，从自下而上的新角度对这一城市空间现象进行解释验证，并根据仿真实践的结果对多主体仿真技术在城市空间领域的应用作分析评价；吴雪娇 [60] 对影响居民出行方式选择的因素进行分析，应用多主体建模仿真方法构建居民出行方式选择的多主体仿真模型，从而评价出租车调价政策的有效性和打车软件业务对居民出租车出行方式选择的变化。

（2）微观模拟

多主体仿真技术在模拟微观现象时多是通过提取已经建成或者将要建成的小尺度环境中的重要元素，设定各主体间及主体与环境间的交互规则，研究环境中各项条件对主体行为的影响。麦克·贝蒂 使用多主体仿真技术对伦敦泰特艺术博物馆内的人流活动密度、伍尔弗汉普顿（Wolverhampton）嘉年华会的参与者在小镇的密度分布状态进行了模拟；Gian F. J. Hartono 利用标准分离模型进行扩展，研究了基于功能组合的剧场空间生成设计；南京大学建筑学院的刘慧杰、吉国华 [61] 基于多主体模拟思路，在多主体仿真平台 NetLogo 上尝试建立了基于日照标准的居住建筑自动排布模型；清华大学的黄蔚欣、徐卫国 [62] 在建筑学课程设计中使主体仿真思路与参数化设计相结合，体现了多主体仿真技术在建筑生成设计中的应用及建筑设计教学的超前性；赵楠楠等 [63] 以天津市滨江道商业街为研究对象，采用网络开放数据和多主体仿真技术进行城市设计使用后评价，分析城市功能构成和空间集聚程度，发现城市空间存在的问题，从而探讨问题产生的原因。

1.3　研究方法与本书框架

1.3.1　研究方法与技术路线

1. 研究方法

（1）文献分析

本书所涉及的研究包括整理相关文献、资料，分析开埠城市历史背景对天津街区发展演变的影响，从时间维度的宏观层面和空间维度的微观层面分别梳理前人对天津街区的研究成果，选取适合研究的分析角度。进而，在收集整理所选街区历史地图和现状图纸的基础上，综合分析文献数据，补充完善历史地图的信息盲点，并将其作为多主体仿真模型建立的图形基础。

（2）学科交叉理论的综合研究

本书所涉及的研究运用跨学科的研究手段，将系统科学中的复杂系统原理引入开埠城市街区空间演化研究中；分别选取天津街区空间演化中的宏观现象和微观现象，从复杂系统理论视角出发，分析其系统要素及组织结构，建立多主体仿真模型，从宏观和微观的系统层面，研究现象形成的影响要素、要素的影响特点和影响程度，形成对开埠城市街区空间发展特征与脉络的完整认识。

（3）空间模型与量化分析

根据前期积累的资料，运用多主体仿真技术，对仿真对象进行抽象解析，在多主体仿真平台 NetLogo 上建立天津街区空间演变的仿真模型，根据历史数据及调研成果设置研究参数，在定性分析研究基础上进行一定的定量分析尝试，实现研究内容的提升。

2. 技术路线

首先，利用 ArcGIS 在宏观上分析中国近代开埠城市的分布、发展等因素，得出开埠城市空间演变的特征，并将其作为研究天津街区空间演变的基础。

其次，对所选取街区的背景进行深入研究，在理论层面对街区历史发展的阶段及发展中涌现出的空间演变现象做深入挖掘，通过文献调查以及实地调研，掌握历史街区空间形态的各阶段历史地图等资料，作为模型建立的图形及数据基础。

第三，以复杂系统理论视角确定拟建模街区系统的主体、环境及规则，建立多主体仿真模型框架。

第四，初步建立空间演变多主体仿真模型，根据实际空间现象，调整模型演化的影响因素权重，至模型现象与实际情况基本吻合，参考该阶段的历史背景，分析不同动力因子在该演化现象中的作用，从而更加清晰地了解该时期街区空间形态演变的动力机制特点。

最终，以上述研究为基础，根据街区空间形态演化模型的分析结果，深入分析天津街区演变在时间和空间上的表现、内在动力及影响程度，为街区发展策略的制定提供可行性建议。

1.3.2 本书框架

本书共分 7 章。

第 1 章，梳理相关理论及技术的研究背景，对本书的研究意义与目的、研究背景、研究方法进行概述，确定研究框架。

第 2 章，以文献研究为主，论述了天津开埠的历史背景及其影响下的街区发展演变，对于空间发展的宏观表现从城市空间结构演变、城市道路交通演变、城市功能布局演变几部分展开论述。对于空间发展的微观表现从原租界街区空间演变、原华界街区空间演变、中西交融的城市特色几部分展开论述，并从街区空间演变中理解街区系统的复杂性特点。

第 3 章到第 5 章是理论研究部分。第 3 章综述以技术为导向的街区空间相关研究；第 4 章综述基于元胞自动机的街区空间相关研究；第 5 章总结基于复杂系统理论的街区研究趋势，阐述复杂系统理论及适宜研究复杂系统的方法——多主体仿真模拟技术。

第 6 章分别在时间维度和空间维度选取天津街区空间演变的宏观现象和微观现象，使用多主体仿真平台 NetLogo 创建多主体仿真模型，从仿真对象解析、仿真实现、结果分析 3 方面详细论述模型。

第 7 章，根据多主体仿真模型的应用情况，从理论和技术角度讨论多主体仿真技术应用于城市空间研究的优势和局限性。

参考文献

[1] 康有为 . 康南海自编年谱 // 中国近代史资料丛刊《戊戌变法》（四）[M]. 上海：上海人民出版社 ,1957 :115.

[2] 杨秉德 . 中国近代中西建筑文化交融史 [M]. 武汉：湖北教育出版社 , 2003.

[3] 侯鑫 . 基于文化生态学的城市空间理论研究 [D]. 天津：天津大学 ,2004.

[4] 雷蕾 . 谈近代开埠城市的异同 [J]. 南方建筑 ,2005(06):67-71.

[5] 蔡云辉 . 中国近代开放城市的特点 [J]. 陕西理工学院学报（社会科学版）,1995(02):19-24.

[6] 孙晖，梁江 . 近代殖民商业中心区的城市形态 [J]. 城市规划学刊 ,2006(06):102-107.

[7] [日] 大里浩秋，孙安石 . 租界研究新动态（历史·建筑）[M]. 上海：上海人民出版社 , 2011.

[8] 李季 . 广西近代城市规划历史研究 [D]. 武汉：武汉理工大学 ,2009.

[9] 黄志强 . 济南、潍县、周村三地主动开埠与山东区域社会变迁 [D]. 南昌：江西师范大学 ,2008.

[10] 汪坦 ,（日）藤森照信 . 中国近代建筑总览 [M]. 北京：中国建筑工业出版社 , 1993.

[11] 李慧亚 . 基于历史信息整合的近代厦门城市空间研究（1902—1937）[D]. 泉州：华侨大学 ,2016.

[12] 陆涵 . 大事件视角下的南京城市空间演进研究（1840—1937）[D]. 南京：东南大学 ,2018.

[13] 周瑾，谢玲 . 大连城市肌理演变过程及成因解析 [J]. 华中建筑 ,2012(06):105-108.

[14] 陆烨 . 近代上海法租界特色街区构成研究（1911—1943 年）[D]. 上海：上海社会科学院 ,2009.

[15] 张寰轩 . 开埠城市街区空间形态演化的历史分析 [D]. 天津：天津大学 ,2014.

[16] 荆其敏，邱康，崔鸿麟 . 天津租界建筑的艺术特征 [J]. 华中建筑 ,1987(02):35-41.

[17] 罗小未 . 上海建筑风格与上海文化 [J]. 建筑学报 ,1989(10):7-13.

[18] 刘婷婷 . 天津的 Art Deco 建筑研究 [D]. 天津：天津大学 ,2010.

[19] 陈霁 . 德租时期青岛建筑研究 [D]. 天津：天津大学 ,2007.

[20] 杨超 . 津沪开埠建筑形态特征比较研究及在新建筑中的延展 [D]. 天津：天津大学 ,2014.

[21] 张伊檬 . 近代天津租界建筑装饰与环境艺术研究 [D]. 天津：天津大学 ,2016.

[22] 张笑笑 . 芜湖近代建筑研究 [D]. 杭州：浙江大学 ,2017.

[23] 王方 . 上海近代公共租界道路建设中的征地活动 [A]. 中国建筑学会建筑史学分会、同济大学（Tongji University）. 全球视野下的中国建筑遗产——第四届中国建筑史学国际研讨会论文集（《营造》第四辑）[C]. 中国建筑学会建筑史学分会、同济大学（Tongji University）,2007:6.

[24] 罗婧 . 开埠初期上海英租界道路系统的建立与完善 [J]. 史林 ,2017(05):1-12,217.

[25] 曾艺元 . 汉口道路空间演变及其机制研究 [D]. 南京：东南大学 ,2018.

[26] 王福云 . 青岛近代别墅建筑及其环境艺术研究 [D]. 南京：南京林业大学 ,2007.

[27] 梅青，陈慧倩 . 上海石库门考今与可持续发展探讨 [J]. 建筑学报 ,2008(04):85-88.

[28] 周麟，金珊，陈可石，等 . 基于空间句法的旧城中心区空间形态演变研究——以汕头市小公园开埠区为例 [J]. 现代城市研究 ,2015(07):68-76.

[29] 刘海岩 . 租界、社会变革与近代天津城市空间的演变 [J]. 天津师范大学学报（社会科学版）,2006（03）:36-41.

[30] 寇荣鑫 . 大连近代历史文化变迁与城市风格研究 [D]. 大连 : 辽宁师范大学 ,2010.

[31] 王方 . 外滩原英领馆街区及其建筑的时空变迁研究（1843—1937）[D]. 上海 : 同济大学 ,2007.

[32] 李振华 . 开埠通商后口岸城市发展的历史考察——以上海为例 [J]. 对外经贸 ,2015(05):34-37.

[33] 牟振宇 . 近代上海法租界城市化空间过程研究（1849—1930）[D]. 上海 : 复旦大学 ,2010.

[34] 王晓萍 . 基于 GIS 与 VR 技术的近代开埠城市空间形态研究框架构建 [D]. 天津 : 天津大学 ,2012.

[35] 王涛 . 基于空间句法的青岛老城区空间结构研究 [J]. 浙江建筑 ,2011(06):13-16.

[36] 吕耿 . 空间句法在城市规划与设计中的应用初探——以哈尔滨三马地区空间策略规划为例 [A]. 中国城市规划学会 . 和谐城市规划——2007 中国城市规划年会论文集 [C]. 中国城市规划学会 ,2007:9.

[37] 褚峤 . 道外历史街区中心性与适应性的空间句法解析 [D]. 哈尔滨 : 哈尔滨工业大学 ,2015.

[38] 赵燕慧 . 大连近现代历史建筑再利用现状及发展研究 [D]. 大连 : 大连理工大学 ,2011.

[39] 刘敏 . 青岛历史文化名城价值评价与文化生态保护更新 [D]. 重庆 : 重庆大学 ,2004.

[40] 张韵 . 街区尺度下的天津市城市特色感知及分异研究 [D]. 天津 : 天津大学 ,2012.

[41] 朱寅歌，赵景伟，黄子瑜 . 基于 AHP 的历史街区地下空间开发价值评价 [J]. 地下空间与工程学报 ,2018,14(06):1437-1444,1465.

[42] 王宁 . 天津原法租界区形态演变与空间解析 [D]. 天津 : 天津大学 ,2010.

[43] 宋静 . 天津原日租界区的形态演变与空间解析 [D]. 天津 : 天津大学 ,2010.

[43] 孙永青 . 天津原意租界地区城市空间形态分析与发展研究 [D]. 天津 : 天津大学 ,2006.

[44] 徐萌 . 天津原英租界区形态演变与空间解析 [D]. 天津 : 天津大学 ,2010.

[45] 青木信夫，徐苏斌 . 天津以及周边近代化遗产的思考 [J]. 建筑创作 ,2007,06:142-146.

[46] 凌颖松 . 上海近现代历史建筑保护的历程与思考 [D]. 上海 : 同济大学 ,2007.

[47] 赵秀萍 . 对天津市租界区风貌建筑与特色街区保护的研究 [D]. 天津 : 天津大学 ,2005.

[48] 朱晓明，古小英 . 上海石库门里弄保护与更新的 4 类案例评析 [J]. 住宅科技 ,2010(06):25-29.

[49] 于梦瑾 . 烟台近代朝阳街历史街区建筑保护与利用研究 [D]. 青岛 : 青岛理工大学 ,2018.

[50] 王丽 . 山东省济宁竹竿巷历史文化街区保护更新策略 [J]. 遗产与保护研究 ,2019,4(04):61-64.

[51] 司马贺 . 人工科学：复杂性面面观 [M]. 武夷山，译 . 上海 : 上海科技教育出版社 ,2004.

[52] 宣惠玉，张发 . 复杂系统仿真及应用 [M]. 北京：清华大学出版社 ,2008.

[53] 李新延，李德仁 . 应用多主体系统预测和分析城市用地变化 [J]. 武汉大学学报（工学版）,2005(05):109-113.

[54] 刘慧杰 . 多主体模拟的建筑学应用——以 NetLogo 平台为例 [J]. 华中建筑 ,2009(08):99-103.

[55] 钮心毅, 宋小冬. 基于土地开发政策的城市用地适宜性评价 [J]. 城市规划学刊,2007(02):57-61.

[56] 杨青生, 黎夏. 多智能体与元胞自动机结合及城市用地扩张模拟 [J]. 地理科学,2007(04):542-548.

[57] 彭翀, 杜宁睿, 刘云. 大城市居住用地扩展的多主体模型研究 [J]. 武汉大学学报 (信息科学版),2007(06):548-551.

[58] 林波, 薛惠锋, 蔡琳. 城市空间演化 MAS 建模 [J]. 微计算机应用,2007(10):1092-1097.

[59] 王绚, 李波, 侯鑫. 城市空间现象的多主体仿真研究——以 20 世纪初电车交通影响下天津市商业中心的转移为例 [J]. 现代城市研究,2015(04):105-111.

[60] 吴雪娇. 出租车调价视角下居民出行选择多主体仿真系统研究 [D]. 北京 : 北京交通大学,2016.

[61] 刘慧杰, 吉国华. 基于多主体模拟的日照约束下的居住建筑自动分布实验 [J]. 建筑学报,2009(S1):12-16.

[62] 黄蔚欣, 徐卫国. 参数化非线性建筑设计中的多代理系统生成途径 [J]. 建筑技艺,2011(Z1):42-45.

[63] 赵楠楠, 侯鑫, 王绚. 基于数字化方法的城市设计使用后评价研究——以天津市滨江道商业街为例 [J]. 南方建筑,2018(05):106-113.

第 2 章 天津开埠历史及街区演变特征

天津三岔河口

2.1 天津开埠时期街区建设——九国租界建立

天津地处京都门户，又是水陆交通要冲，西方资本主义国家出于扩展侵略势力的目的，觊觎天津已久。早在乾隆五十七年（1792年），英国政府就曾派出使节来华提出开埠天津城市，实行自由贸易的要求，遭到拒绝。最终，第二次鸦片战争后，清政府签订《天津条约》与《续增条约》，天津被迫开埠。

天津租界的形成大体可分为3个阶段：第1阶段，1860年，英、法、美3国相继在天津划定租界；第2阶段，1895年德国在天津开辟租界，1897年英租界扩张，1898年日开辟租界；第3阶段，1900—1902年，俄国、比利时、意大利、奥地利相继开辟租界，英、法、日、德诸国租界扩张如表2-1示所。

表 2-1 天津各国租界开辟时间及面积统计表

国别	设立年份	最初面积 / 亩	扩张面积 / 亩	总面积 / 亩
英国	1860	460	5689	6 149
法国	1860	360	2476	2 836
美国	1860	131	——	——
德国	1895	1 034	3166	4 200
日本	1898	1 667	483	2 150
俄国	1900	5 474	——	5 474
意大利	1901	771	——	771
奥地利	1901	1 030	——	1 030
比利时	1902	740.5	——	740.5

来源：来辛夏 . 天津的九国租界 [M]. 天津 : 天津古籍出版社 ,2004,21.

注：1 亩 ≈ 666.7 m²

　　自 1860 年至 1902 年的 40 多年间，天津出现过的九国租界总面积达 23 350.5 亩（约 1 556.8 万 m²），是当时天津城区的 3.47 倍，城厢的 9.98 倍。沿海河，八国联军入侵前开辟的英、法、日、德各国租界位于河西，其后开辟的俄、比、意、奥各国租界位于河东。各帝国主义国家在租界区内招商、购地、建房，设立洋行仓库，兴办银行，筑造码头，一面从中国掠夺资源，一面从国外输入商品。供殖民者统治的机构及生活享受用房，如领事馆、工部局、警察署、住宅、饭店、俱乐部等先后建造起来。开埠城市中的租界享有完全独立于中国主权之外的行政、司法、警务、税收种种权利，如同"国中之国"[1]。

　　中国传统的城市空间架构大多遵循自上而下的"官式做法"，在"方城直街，城外延厢"的空间结构下，内部道路呈规整的方格网状，道路主骨架构形大多为"十"字、"井"字或双"十"字等[2]。开埠前的天津城坐落于南运河与海河相交的旧三岔河口地区，形式上为正南正北的矩形城垣，内部构造符合中国城市形态的传统。

　　开埠后，各国选址看中海河的航运优势，租界分别占据海河沿岸有利地段，岸线达 15 千米。由于时间和资金的限制，租界划定初期，除英租界以外的其他租界基本未进行规划且建设缓慢，部分租界甚至还未进行开发，进入 20 世纪后，各国租界才逐渐展开较大规模的规划建设。

　　各国划分自己的租界势力范围，租界内的空间组织及建筑形式普遍移植当时西方的流行形式，具有明显的殖民地色彩。天津租界多国别的特点使得整个租界区在平面布局上表现为不同区域组合的形态；在城市功能布局上，表现为局部有序而整体无序的状态；在城市空间形态上，缺乏整体形象控制[3]。租界与租界相互之间关联较弱，租界区内呈现出风格迥异的"多区拼贴"状态，如图 2-1 所示。

　　天津老城厢与租界区的相互关系以八国联军攻破天津城为转折点，老城厢城垣被强行拆除，客观上消除了天津城市区域间的隔阂，方便了城市交通，使天津成为开放型的无城垣城市。

图 2-1　天津租界的"多区拼贴"状态

来源：宋静 . 天津原日租界区的形态演变与空间解析 [D].
天津：天津大学 ,2010.

2.2 天津街区空间演变的宏观表现

2.2.1 城市空间结构演变

从 20 世纪初开埠到 1949 年，天津的城市空间结构演变可分为 3 个时期。从 1860 年开埠到 20 世纪初，各国依靠海河发展起租界区进行贸易，租界与天津老城厢共同构成新、旧双商业中心的空间结构，城市空间的主要走向由东西向变化为沿海河呈西北—东南走向；从 20 世纪初到 20 世纪 30 年代，新建的"河北新区"成为天津的政治中心，租界区逐渐取代老城区成为天津新的经济中心，城市政治、经济"双中心"的空间组织结构逐渐清晰，同时，伴随着城市的不断发展，城市空间肌理逐渐由"拼贴性"向"融合性"过渡；从 20 世纪 30 年代到 1949 年天津解放，城市的发展跨越城区的局限，塘沽片区建设成为第三个重要港区，"一城一港"的现代天津城市空间形态雏形产生，城市结构更加开放[4]。天津城市结构演化示意见图 2-2。

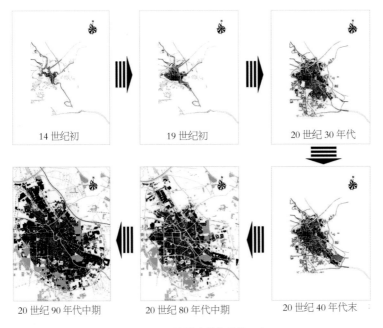

图 2-2 天津城市结构演化示意

中华人民共和国成立后到改革开放前，由于特殊的政治、经济环境，天津中心市区的发展使城市布局以同圆式向外扩展。改革开放后，特别是随着天津经济技术开发区的建设，城市滨海这一特征对城市发展开始发挥作用，港口与城市中心的联系日益密切起来，天津逐渐由滨河带形城市转变为滨海带形城市。

2.2.2　城市道路交通演变

开埠前，天津城的道路以城内连接 4 城门的十字街和北半部以衙署命名的道路为主，主要服务于军队和衙门等封建统治阶级。

各国首先独立地在租界内建设道路，单个租界片区的路网逐渐形成。英租界的道路以维多利亚路（今解放北路一段）为中心修建了 74 条道路；法租界修建了中街（今解放北路北段）、葛公使路（今滨江道）等 65 条道路；日租界修建了旭街（今和平路一段）、宫岛街（今鞍山道）等 40 条道路；意租界修建了大马路（今建国道）等约 20 条道路；俄租界的乌拉路等、德租界的威尔逊道等都有各自的道路系统。各租界分别建设的做法使得整个租界区的道路系统存在不连贯性，有些道路交会处交错，如大沽路口、解放路口等，有些租界分隔处道路不接续，如吉林路、山东路等由法租界进入英租界处皆是丁字路口。此外，租界时期建设的道路宽度较窄，作为市区主要交通干线的解放路宽度只有 9~12.8 m，最繁华的和平路最宽处也只有 13.5 m。河北新区建成后，天津城区形成了网状街道格局，华界新旧城区分别以大经路、东马路为中心，租界区则以海河为中轴，海河上已建成的 6 座铁桥将东西两岸连接起来，使城市成为一个整体 [5]。

2.2.3　城市功能布局演变

天津城市形成和发展的初期，功能较为简单，城市用地除居住功能外，以第三产业为主，主要包括商业流通功能、军事防御和行政功能 [6]。产业结构是城市空间功能布局的决定性因素之一，而城市空间扩张的速度又与城市经济发展的速度相关。随着天津中心城区的 3 次大规模扩展，天津的城市功能布局也发生了变化。

殖民地时期，在繁荣的对外贸易中，天津的工商业得到迅猛发展，集中于租界区的贸易金融、商业服务和仓储物流等城市主导产业影响了城市功能布局，由海河边向外扩展依次分布着大规模的仓储、商业和居住用地，城市商业中心由老城区向东南地区转移。随着天津近代工业的兴起，东南和北部地区的城市边缘处形成了少量的工业区。

1949年以后，城市的主要职能变为工业生产，因此这一阶段城市规模扩展的主要表现为工业用地增加，并沿交通干线向城市外围分布，生产用地沿城市主干路网呈放射状分布，轴间填充生活用地。20世纪90年代后，第三产业的又一次迅猛发展带动城市的主要功能从第二产业向第三产业演变。中心城区的工业用地在政府的引导和市场机制的作用下逐步完成功能转换，城市功能布局表现出生产功能外迁而服务功能内聚的趋势。天津中心城区形态的影响因素见图2-3。

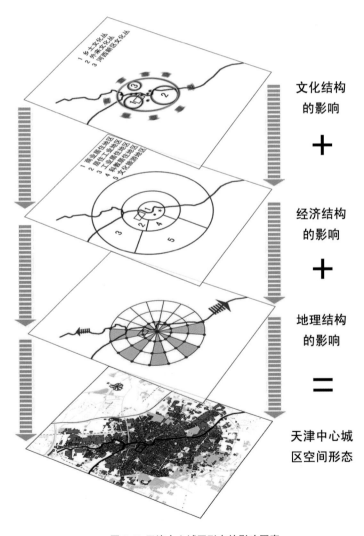

图2-3 天津中心城区形态的影响因素

2.3　天津街区空间演变的微观表现

　　街区空间演变的宏观表现是在时间维度展现一段时间起止点的城市空间状态变化，时间间隔较长，而如果探寻这种城市空间演变的原因及动力机制，就必须在空间维度剖析城市不同街区的建设要素与组织特点。

2.3.1　原租界街区空间演变

1. 各国城市空间的移植

　　当戈登勾勒出英租界第一张规划图纸的时候，欧洲城市的空间模式就被引入天津了[7]，租界的建设在一定程度上是各国对本国城市街道、建筑的空间转移。例如英租界内设有围栏、内部为草坪的维多利亚公园（今解放北园）是源自英国、流行于各国的城市小公园的典型。郊外设置跑马场，租界内是高级住宅地，也是英国的亚洲殖民地租界里的常见城市设计手法。法租界在 1900 年扩张后，建设的笔直的林荫大道——福熙将军路（今滨江道），尽端是西开教堂，租界中心有法国花园（今中心花园），见图 2-4，这种纪念性布局可以说和拿破仑三世在巴黎改造中所确立的法国城市规划一脉相承。意大利租界以纪念柱为中心形成马可波罗广场，道路以广场为核心，除此之外还设有若干个小广场，体现了意大利以广场为城市生命的特点，可以说是意大利城市的缩影[8]，见图 2-5。

2. 注重功能的街区建设

　　持入侵姿态的各国租界在建设中反映出以功能为主的规划建设特点，最为显著的是各国在租界街道规划上对经贸及军事方面的考虑。最初老城厢于三岔河口发展起来，虽也考虑了航运与贸易的便利，但其坐北朝南的布局充分展现了中国传统设计理念。各国租界中新建街区的道路与河道的关系更为紧密，平行或是垂直于河流，道路走势随机性较强。如此建设，除了继承了西方国家的筑城传统外，最重要的原因是各国方便囤积兵力，利用航运优势加强对中国的殖民统治。

　　各国对防卫功能的注重也衍生出租界街区一些独特的空间形态。以路口形式为例，中国街区中道路路口以十字形为主，有碍交通顺畅的丁字路口及多交叉口则较为少见，而在租界

图 2-4　中心花园夜景

图 2-5 天津意式风情区

街区，丁字路口由于可以避免进攻者顺畅地进入租界内而成为实用的防御形式。1860 年原英租界和 1897 年扩充租界的临界道路——海大道（今大沽北路），处于同一国租界，两个区域路网的搭接关系不是延续性的，而是有些地方故意错开形成丁字路口，见图 2-6，这与1870 年到 1890 年间多次发生天津民众攻击外国机构（如教会）的事件不无关系。

　　"强调用地功能分区，注重交通与城市空间组织，尽量使用经济方便的方格网状道路，提高城市土地利用率，进行城市规划立法"[9] 等功能主义的城市规划理论被各国建设者用于租界的规划与设计中，在其后天津市的城市规划与建设中，这些理论和实践也得到了应用。

3. 街区肌理的延续

　　随着时代变迁，街区的道路及建筑也在更新以适应城市发展的需要，由于租界区的风貌已经成为天津街区特色中不可或缺的一部分，因此街区的肌理和建筑风貌得到了一定保护而延续下来，平行对比中依然可见不同租界区的肌理特色及差异，见图 2-7。

　　各租界在形成期各自依照本国的规划建设形式，形成差异性的街区肌理，其不同主要体现在街道尺度、由街道划分出的小单元的尺度、每个单元内的建筑形式及尺度上。随着城市的发展，原有街区在交通、功能等层面上的调整均有可能改变街区的肌理，如 2011 年原法

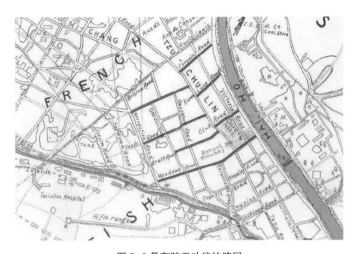

图 2-6 具有防卫功能的路网

来源：徐萌 . 天津原英租界区形态演变与空间解析 [D]. 天津 : 天津大学 ,2010.

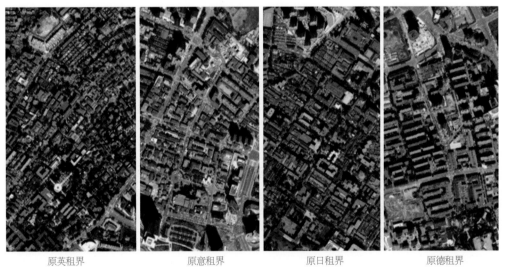

| 原英租界 | 原意租界 | 原日租界 | 原德租界 |

图 2-7 天津差异性租界肌理的延续（组图）

租界承德道和辽宁路为满足街区停车需求部分变为停车场。不过，由于租界街区的历史价值逐渐被认识，街区肌理的保护也得到重视，如街道在面对日益繁重的交通时多采用分流等交通引导方式来缓解压力，而不是硬性地拓宽路面，从而保留了原有的街道尺度。

街区外部界面是街区边缘肌理的形象化展现，由于近几年海河滨河沿岸的城市景观整治，临海河的租界区外部界面的完整性受到影响，如日租界兴安路与河岸之间的街区、鞍山道以东的嫩江路与河岸之间的 4 个街区被拆除 [10]，法租界的张自忠路部分被改为地下道路 [11]。

4 . 多样的街区建筑

（1）建筑类型

根据功能性质，租界建筑的类型主要有住宅、文化建筑、宗教建筑以及银行建筑、娱乐性建筑（如俱乐部、影剧院）和商场建筑等。其中，居住建筑是租界中最重要的建筑类型，随着街区内居住人群的混杂，居住形式也变得多元化，有供外国侨民以及中国的上层政客、官僚居住的独栋式住宅，也有供普通阶层市民居住的双层公寓、联排公寓及里弄式住宅。

（2）建筑风格

多国租界的并存造就了天津租界建筑的多样性和复杂性，其风格样式的演变阶段大体可分为中古复兴式时期（1860—1919 年），古典主义、折中主义时期（1919—1930 年），摩登建筑时期（1930—1945 年）3 个时期[12]。

中古复兴式时期是各国租界开辟初期，较大规模的建筑是教堂、领事馆、住宅等。其中的代表如 1870 年建的望海楼天主堂（图 2-8），其长方形三通廊式平面、砖木结构、塔楼、尖券式门窗体现了哥特式风格。1907 年建造的德国领事馆的建筑风格具有日耳曼民居特色，1916 年建造的老西开教堂则采用了法国罗曼式造型。

古典主义、折中主义时期，帝国主义在华经济实力进一步加强，在天津租界建造大量建筑，各种建筑风格被运用在不同类型的建筑上，折中主义盛行。代表建筑有英国麦加利银行（今邮电局）、劝业场（图 2-9）、交通旅馆等。这时期的许多建筑风格与特定的建筑类型相联系，如神秘的哥特式风格对应宗教建筑，象征权力与金钱的古典主义对应金融与政府建筑，高雅的文艺复兴风格对应豪宅府邸。

摩登建筑时期，欧洲的摩登建筑运动影响到天津，新的、简洁的、自由的、注重体积感的设计手法盛行。这时期天津租界各建筑风格的代表有利华大楼（图 2-10）、渤海大楼、中国大戏院等。以渤海大楼为例，建筑没有多余的装饰，但立面上的凹凸及线面对比形成简洁明快的建筑形象。

各国在租界建设中为了突出本国的建筑文化，往往以既有的经验为基础，采用已经得到上层社会认可的成熟形式，因此天津租界的建筑风格反映了西方的建筑流行思潮。但由于殖民者将本国的先进技术和文化引入中国需要经历一个先接受再传播的过程，租界内西式建筑形式的更迭又显现出滞后性，如天津新艺术运动式的典型例子——法国俱乐部在 1931 年建设，比欧洲新艺术运动达到高潮的 19 世纪末 20 世纪初晚了 30 年左右[13]。

（3）街区性格

建筑风格以群体出现时在很大程度上就会反映出街区的性格，天津租界区就是众多不同特色街区和建筑的组合（图 2-11~ 图 2-14）。天津主要有以下几条特色鲜明的街区。

图 2-8 天津望海楼天主堂

图 2-9 天津劝业场

图 2-10 天津利华大楼

1）英租界五大道街区。这里的居住建筑虽然汇聚了英、法、意等各国风格，但在尺度上大多低矮、宜人，且建筑与街道间有院相隔，草木掩映，院墙以不通透的石墙为主，构成幽静的整体氛围。

2）英法租界的"金融街"（今解放北路）。金融街上仅银行类的建筑在不到 2 千米的道路上就曾达 70 余处，因为其风格相似，加之建筑遵循西方法规管理后退用地红线进行建设，形成整齐、肃穆的街道界面。

3）劝业场一带。这里商业建筑林立，特别是和平路与滨江道大十字路口处的劝业场、交通旅馆、浙江兴业银行、惠中饭店 4 座高层建筑奠定了街区繁华的基调。作为商业街区，这里的建筑处理手法较为灵活，体形富于变化，特别是座座高耸的塔楼夺人眼球，渲染了街区喧嚣热闹的氛围。

4）面积较小的意租界。当时意租界的工部局对其营造规划控制严格，不允许抄袭，建筑以意大利风格为主，保留着古罗马建筑稳定、平展、简洁的韵味，花园洋房房顶的角亭高低错落，结合红屋顶展现出地中海风情。中心广场、小花园、较宽的人行道又为人们提供了室外交流场所，使街区充满了生活气息。

图 2-11 五大道街区

图 2-12 原意租界建筑

图 2-13 劝业场街区

图 2-14　原"金融街"建筑

2.3.2　原华界街区的空间演变

1. 对封建形式的破除

天津城早期"市在城外、城在市旁，矩形方城、鼓楼中心、十字大街、东南西北四门"的布局特点随着城墙的拆除及环城马路的开通而瓦解，旧城区逐渐步入近代化进程。天津中心城区不再以老城厢为中心，老城和城东南沿海两岸多倍于原市区的大片租界在开放的格局下建设，城市中心沿海河由北向南挪移。

2. 对租界街区的借鉴

19 世纪末 20 世纪初，天津的市政建设、民族工业和近代教育发展迅速。1902 年，时任直隶总督的袁世凯主导建设"河北新区"，其范围西至北运河，南达金钟河，北至新开河，东到铁路线的自督署至车站、铁路的地区[14]，逐渐发展成为华界的政治、文化中心。

河北新区以各租界为范本，在规划建设中路网先行，确立了以中央大道——大经路（今中山路）为中心的规划格局，并以其为轴线规划出方格网状的规整路网。平行于轴线的道路以经路命名，垂直于轴线的道路以纬路命名，并拆除旧窑洼浮桥，新建金钢桥，将新老城区连接起来。最早出现在租界中的各种现代建筑类型、设施也开始在河北新区中建设，如新式学校、植物园、邮局等，新区中部规划的公园——劝业会场（今中山公园，见图 2-15）更是体现了现代城市规划理念。在这些大规模的建设项目中，西式建筑的做法已经普及开来，许多新式企业、学堂、工厂等建筑的造型与装饰均吸收了租界中建筑的设计手法。

图 2-15 中山公园

2.3.3　中西交融的城市特色

1. 人口及资本的流动

开埠后，华界与租界的扩张与发展促进了城市空间的重构，而人口和资本的流动是两区域特别是租界发展的基础。1840 年前后，在清代的人口调查中，天津城区范围内共有 32 761 户、198 715 人，这是开埠前天津人口的大体规模。到 1906 年，天津市区每平方千米人口密度为 25 692 人，其中华界 53 987 人，租界 6 827 人，这时华界人口远高于租界。随着城市建设，人口居住重心由老城周围逐渐向河北新区及租界区转移，加之政治上的不稳定使得老城区的兵灾不断，掌握大量财富的社会上层对华界失去安全感，纷纷转向租界寻求安定。日租界和奥租界因与华界相邻，房屋、人口稠密，英、法、日租界完善的街区建设更是吸引了大批金融、商业界人士。

到 20 世纪二三十年代，各租界人口迅速增加。1930 年英、法、日、意、比五国租界内共有 131 068 人，全市平均每平方千米人口密度为 19 077 人，其中华界为 19 794 人，租界为 15 311 人，租界区的人口密度已大体与华界持平。资本方面，租界区商业的繁荣促使"大小商号迁往租界者，罔不争先恐后"[1]，从日租界旭街到法租界杜总领事路，沿路已经开满了商号、店铺。

1943 年，租界人口已猛增至 256 908 人，每平方千米人口密度为 32 725.5 人，大大超过了天津市城区的平均水平[15]，租界已经不是各国在天津的特区，而成为华洋杂处，天津人口、资本构成中不可或缺的一部分。

2. 交通的联系

随着城市化的加快和人口的大量增加，城市面积迅速扩大，华界与租界两区域的人口、资本交流日益紧密，便捷的交通在其中起到了促进作用。以 20 世纪初对天津街区发展影响最大的电车为例，尽管电车在开始遭到抵制，但新交通工具快捷的优势是显著的，到了 20 世纪 20 年代，电车已经成为最受大众欢迎的交通工具。以至于"盖天津市发展之趋势，其初围绕旧城，继则沿河流，复次则沿铁道线，自有电气事业则沿电车道而发展"[16]，这影响了城市空间结构。便捷的交通使得街区发展不再受制于人口和资源的分布，因此工作、购物、娱乐等功能建筑得以与人们的居住地点分离开来，促进了城市空间的扩展和功能分区的形成。20 世纪初，随着城市工业的发展，海河东岸和租界边缘逐渐形成工业区，由于电车等公共交通的发展，受雇于工业区的工人和职员并不集中于其周围，而是有相当一部分分散在老城区和租界区，依靠交通工具上下班。

1　《大公报》，1926 年 10 月 21 日。

3. 建筑技术及样式的交流

租界中大量西洋建筑的出现给天津带来新的建筑技术与样式，为中国的建筑设计开辟了新的道路。比如天津在大跨度建筑的设计中，木屋架结构的改进和钢筋混凝土结构的应用不少都是通过借鉴学习外来建筑得到了技术上的提升。在建筑形式上，石柱、拱券、柱廊等西洋形式广泛运用在新建筑中。同样，天津的传统建筑技艺也对西洋建筑产生了一定影响，比如西洋建筑采用了砖砌的门窗和檐头替代灰线；运用天津当地的雕刻技巧进行券面和檐头的刻画；采用青砖和红砖在建筑不同的结构位置上形成颜色的对比，这些影响使得中国的西洋建筑带有了中国建筑的特点，不同城市的建筑形成了不同的地方风格[17]。

2.4　天津街区演变的复杂性

通过上文对天津街区空间演变的宏观表现和微观表现的论述，可以发现天津的街区及其演变具有明显的复杂系统的特征，主要体现在天津多层次的街区系统、开放与动态的街区系统、自适应的街区要素等几个方面。

2.4.1　多层次的街区系统

从系统的观点出发来划定街区，除了以道路、自然环境作为分隔领域的边界，更应注重街区内部要素的相互关联与作用，可以将街区看作是由相互作用的要素组成的较为独立的城市领域。考察开埠后租界建设期的天津的街区系统，根据其内部民居及街区的空间特征，在宏观上将天津城区分为华界街区和租界街区，在下一层次，租界街区系统又是由各国租界街区共同构成的。除此之外，在民居与空间特征同质的街区系统中还可以根据用地性质、功能布局等划分出许多更低层次的邻里街区系统。天津城市空间正是由从高到低各个层次的街区系统构成的。

街区系统规模越大，其构成层次增加的可能性越大，因此城市规模在一定程度上影响了街区的复杂性。结合天津城市中心区的第一次大规模扩展来看，新建的租界面积相当于老城区的 3.47 倍，因此各国租界自建设之初就注定将极大地拓展天津城市街区的系统层次。

天津街区空间演变中许多现象的"涌现（emergence）"[2][18]正是街区系统由低层次发展到一定程度引起的质的飞跃。以天津城市中心变化为例，最初老城厢是天津的城市中心，随后租界区逐渐发展。这些租界区看似是各国独立于老城厢之外的分片建设区域，但从更高的街区层面来看，整个租界街区的崛起改变了城市空间格局，最终使得城市的中心偏离老城厢而南移。在更低的层次上，开埠后，租界区内逐渐清晰的工业区、居住区、商业区等功能分布也是"涌现"现象。可以说，"涌现"是系统高层次得以出现和系统整体存在与发展的需要。天津街区空间的演变也是在"涌现"中向前发展的，比起以单一模式发展的中国传统街区，开埠使得天津街区空间层次变得更为丰富，加速了城市空间的变化。

2　在复杂系统领域，"涌现"的概念通常指微 – 宏观效应现象——"因局部组分之间的交互而产生系统全局行为"或"缘起于微观的宏观效应"。

2.4.2 开放、动态的街区系统

奥地利建筑师亚历山大（C.Alexander）在其城市理论中将城市看作相互作用的系统，认为自然生长成的城市是一个"半网状"（semi-lattice）结构，而人工规划的城市是"树状"（tree）结构[3]（图2-16）。他认为规划城市呈树状结构的原因是"思考的过程自身是树状的，所以当一个城市是'设计'出来的而不是'生长'出来的，它就必然会成为树状结构。"[19]

街区作为城市的子系统，其演变过程的不同时期也体现出这两种不同形式的结构。以天津街区的空间结构特征来看，不论是老城区还是租界区，其最初的建设都是遵循着规划者的意图建设的，因此老城区的"方城直街，城外延厢"结构和租界区的"各区拼贴"结构实质上都是"树状"结构，但随着街区之间的人口、资本、技术交流，两种街区的空间特征逐渐融合起来，这个演变过程相当于两种街区系统在各自的"树状"结构间以自然生长的方式产生出"半网状"的联系。

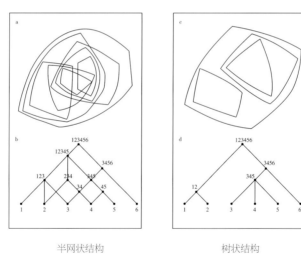

半网状结构　　　　　树状结构

图2-16 "半网状"与"树状"的城市结构

街区空间由"树状"结构向"半网状"结构演变得以实现的前提在于街区系统的开放性。基于天津街区系统的开放性，街区的构成要素的数量是可以变化的，其自然系统、社会系统、经济系统的物质、能量和信息可以流动并相互影响。以天津租界区内由殖民者的领地到形成"华洋杂处"的人口分布现象为例，租界由封闭变为开放，带来的结果是租界内的房地产业、工商业、金融业等的营业状况和华籍投资者、工人、职员人数的同步发展。

3　"半网络形"（semi-lattice）与"树形"（tree）均为数学集合论中的概念。

开埠极大地加快了天津街区面貌的更新速度，而其空间演变中的每一个新状态都是街区系统内部要素不停相互作用的结果。正如霍兰德（Holland）在其《隐秩序》一书的开篇中所说，"我们观察大城市千变万化的本性时，就会陷入更深的困惑。买者、卖者、管理机构、街道、桥梁和建筑物都在不停地变化着。看来，一个城市的协调运作，似乎是与人们永不停止的流动和他们形成的种种结构分不开的。正如急流中的一块礁石前的驻波，城市是动态的。没有哪个组成要素（constituent）能够独立地保持不变，但城市本身却延续下来了。"[19]

2.4.3　自适应的街区要素

每一个层次的街区系统都是由街区要素构成的，宏观的街区系统反映下一层次街区与街区之间的要素影响与相互作用，如以整个租界街区作为研究对象，英租界、法租界、日租界等各国租界可以看作其构成要素。微观的街区系统反映小尺度街区系统内部元素的相互作用，如以日租界商业街——旭街作为研究对象，建筑、街道、人群等可以被看作其构成要素。

不管是宏观的还是微观的，街区要素均具有根据环境和自身状态进行自我调整的特点，天津街区由于华、洋两种文化的存在，其系统内要素对环境的适应性以更加明显的形式表现出来。以天津街区系统中的空间特色这一要素为例，其演化是随着社会心理的转变和房地产市场的发展而实现的。华人进入租界，真正接触了外国人的生活方式并体会到方便后，最初的抵触心态发生了急剧的转变，逐渐接受西方先进的规划理念和建筑形式，以致后来天津在新区规划中主动采用西式手法，建造西式建筑也成为时尚。同时，外国的建筑师在天津也很注重对当地文脉的尊重和对地方特色建筑材料的使用，使所造的建筑真正成为具有天津特色的建筑。两方面的相互作用促成了城市街区空间特色演变的最终结果——中西交融。

街区要素的自适应性通过街区要素外在属性的变化体现出来，而街区中各种要素的属性又是丰富的，以"街道""建筑""人"这3个要素为例，每种街道的属性包括宽度、长度、材质等；每种建筑的属性包括位置、功能、面积、形式、材料等；人的属性包括年龄、性别、职业、国籍等。仅是这几个要素的相互作用就足以在街区系统的演化中呈现出不可计量的组合结果。因此，伴随着街区系统要素的调整与变化，街区发展呈现出非线性、不确定的复杂特征是必然的。

参考文献

[1] 来辛夏 . 天津的九国租界 [M]. 天津 : 天津古籍出版社 ,2004.

[2] 欧阳杰 , 李旭宏 . 城域·市域·区域——以京津城市空间结构的演变为例 [J]. 规划师 ,2007,23（10）:60-63.

[3] 周春山 , 城市空间结构与形态 [M]. 北京 : 科学出版社 ,2007.

[4] 张秀芹 , 洪再生 . 近代天津城市空间形态的演变 [J]. 城市规划学刊 ,2009(06):93-98.

[5] 罗澍伟 . 近代天津城市史 [M] . 北京 : 中国社会科学出版社 ,1993.

[6] 李凤会 . 天津城市空间结构演化探析 [D]. 天津 : 天津大学 ,2007.

[7] 刘海岩 . 租界、社会变革与近代天津城市空间的演变 [J]. 天津师范大学学报（社会科学版),2006(03):36-41.

[8] [日] 大里浩秋，孙安石 . 租界研究新动态（历史·建筑）[M]. 上海 : 上海人民出版社 ,2011.

[9] 吕婧 . 天津近代城市规划历史研究 [D]. 武汉 : 武汉理工大学 ,2005.

[10] 宋静 . 天津原日租界区的形态演变与空间解析 [D]. 天津 : 天津大学 ,2010.

[11] 王宁 . 天津原法租界区形态演变与空间解析 [D]. 天津 : 天津大学 ,2010.

[12] 荆其敏 , 邱康 , 崔鸿麟 . 天津租界建筑的艺术特征 [J]. 华中建筑 ,1987(02):35-41.

[13] 李琦 . 杂陈、共生与融合 [D]. 天津 : 天津大学 ,2009.

[14] 张秀芹 , 洪再生 , 宫媛 . 1903 年天津河北新区规划研究 [A]. 中国城市规划学会 . 多元与包容——2012 中国城市规划年会论文集 (15. 城市规划历史与理论)[C]. 中国城市规划学会 ,2012:7.

[15] 周俊旗 . 民国天津社会生活史 [M]. 天津 : 天津社会科学院出版社 ,2004.

[16] 刘海岩 . 电车、公共交通与近代天津城市发展 [J]. 史林 ,2006,03:20-25,125.

[17] 天津市政协文史资料研究委员会 . 天津——一个城市的崛起 [M]. 天津 : 天津人民出版社 ,1990.

[18] 金士尧 , 黄红兵 , 范高俊 . 面向涌现的多 Agent 系统研究及其进展 [J]. 计算机学报 ,2008(06):881-895.

[19] 约翰·H·霍兰 . 隐秩序——适应性就是复杂性 [M]. 周晓牧 , 韩辉 , 译 . 上海 : 上海科技教育出版社 ,2019.

第 3 章　以技术为导向的街区空间研究

天津南京路沿线

　　19 世纪，城市研究学者卡米罗·西特（Camillo Sitte）曾指出："街道网络的唯一作用是用于通行，而本身不具有艺术性。因为它不可能被人所感知，如果不通过平面图就不可能从整体上把握它。"这是早期人们对于街区空间关于感知的描述，这种描述是从局部的街区场景展开的，具有较为强烈的主观意识。这种研究方法由当时的技术发展阶段所局限的。如图 3-1 所示，街区空间限制了人能直接感知的范围。20 世纪以来，技术的发展给街区空间研究方法带来一场变革，尤其是计算机技术的出现，为新理论及研究方法提供了技术上的支持。街区空间研究也摆脱了传统研究方法的束缚，正在经历一场以技术为导向的革新。

图 3-1　澳门老城大三巴前的街区

3.1 街区空间研究的理论趋势——复杂系统

3.1.1 跨学科、多角度

随着各专业领域发展的相对成熟，各学科之间的联系也不断加强，城市规划与建筑学领域也不例外。无论是在观念上还是技术上，相关研究人员都极力寻求与其他学科的交叉融合，以求得新的研究视角与研究方法。当代学科间的这种多元化交叉发展，并非仅仅是研究视角与理论的交叉，更是学科观念、研究方法、相关技术应用的交叉。在此背景下，街区空间的研究也呈现出了跨学科、多角度的发展趋势，其中系统科学的兴起对于人们对街区空间复杂性的认识与研究产生了重要影响。

3.1.2 系统科学的启示

系统科学是从系统的角度，把研究对象作为一个整体，探索关于系统的普遍规律和一般原理的科学[1]，其发展概况如图 3-2 所示。

借用系统科学的观点，系统是一切事物存在的方式，因此只要是现实世界中的现象，都可以采用系统的观点来进行描述。系统科学最大的贡献是使人们认识到整体不等于部分之和，仅仅分析事物的部分并不能全面地了解事物，其本质应当从整体上来把握[2]。因此，用传统的还原分析法，无论对于部分的研究有多么细致，也无法把握街区空间的整体性。随着系统科学的出现及发展，传统的线性的认识论越来越受到质疑。随着相关认识的逐渐深入，事物的复杂性逐渐成为研究关注的焦点，相关研究也从对事物本身的关注逐渐向部分间的相互关系及作用规律转移。系统科学带来的这种观念上的转变，导致了一种新的研究方法，即系统研究方法。

广义的街区空间包含了边界范围内一切相关的事物，具有整体意义上的系统特征，因此可以将街区作为复杂系统来研究。对于街区系统来说，传统的研究方法难以解决研究过程中的诸多问题，需要借鉴系统科学理论的研究方法，来对街区系统的动态发展以及复杂性进行相关研究。

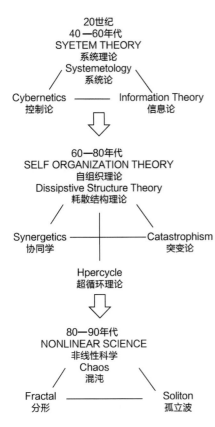

系统科学

系统整体
"机体革命"

S：系统整体性，总的出发点和一般原理
C：反馈控制，系统稳定、演化的机制
I：通信信息，系统建立联系，世纪控制的基础

系统诞生

混沌→有序　诞生，突变

DST:新结构产生的条件
SYN:突变点上子系统的自组织
HPE:DST应用于生物学
CAT:关于突变的数学

系统演化

有序→混沌　生长、进化

Chaos：混沌——"生成动力学"，信息创生，信息加密
F：生成的集合学（形态学），信息储存
SOL：非线性波，信息传播

图 3-2　系统科学总体发展概况

来源：李署华 . 从系统论到混沌学：信息时代的科学精神与科学教育 [M]. 桂林：广西师范大学出版社，2002.

3.2 街区空间研究的技术趋势——模型研究

3.2.1 模型研究的方法

在现实世界中，许多研究对象不能直接进行实验或难以实验，为了得到某个实验结果，需要耗费大量的时间、人力及财力。同时，这些真实系统的参数或者属性是无法更改的，因此不能获得多组实验数据，不利于进行比较研究，街区系统即是如此。一般来说，有关街区的研究问题都具有较大的尺度和复杂的影响因素，想要直接进行某种实验是较为困难的，因此一个可行的研究方法就是使用模型代替现实对象来进行研究，即模型研究的方法。由于模型研究具有很好的有效性与可操作性，因此一直是街区空间研究中所广泛采用的一种技术。同时，鉴于街区系统的复杂性、系统性和不可逆性，对街区问题的诊断与解决也必须运用系统化、模型化的方法。

模型是真实系统的替代物，利用模型可以用较少的时间和费用进行实验，可以重复演示和研究，更易于洞察系统的各种行为。模型是对现实的抽象和简化，这种简化是一个必须的过程。摩根和莫里森说过"模型在自然科学和设计中具有自主性"[3]。从这个意义上说，模型并非理论，也并非现实世界的替代物，而是科学家和设计师探讨世界的工具，或者是对于某些不可逆转过程的预演。模型是连接理论与现实、过去与未来的桥梁。

模型可以按所模拟的对象世界及模拟方法来分类，根据贝蒂的理论，"模型因为计算机的发展而成为一个流行的概念，但是现实世界的模型总是与计算机模型有所区别"。从这个意义上说，与抽象模型（图 3-3）相比，他将现实材料建成的物理模型（图 3-4，图 3-5）视为"象征性"的，它们具有物质实体性。

模型的合理性决定了其在实验中的角

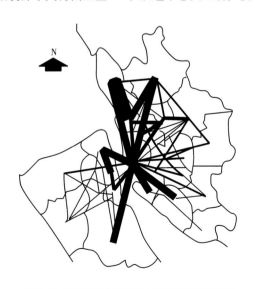

图 3-3　早期关于大都市区上班人流路径的模拟
来源：www.casa.ucl.ac.uk

图 3-4 Abercrombie 和 Paton Watson
所做的朴次茅斯的物理模型，1945 年

来源：www.casa.ucl.ac.uk

图 3-5 James Corner and Field Operation 所做的史泰登岛
模型，2001 年

来源：www.nyc.gov/html/dcp/html/fkl/ada/comp/etition/2_3.html

色，这也是模型发展的动力所在。随着计算机技术的进步，物理模型与抽象模型结合到了一起。如图 3-6 所示，是元胞自动机（CA）与地理信息系统（GIS）对于城市环境的模拟，这是一个将模型的抽象性与实体性结合得很好的例子。数字技术发展的一个最主要的优势在于电脑将研究对象建模进行研究，而不是去研究对象实体本身。微观仿真即是基于这样的建模研究方法开发的，适合用来进行自下而上的复杂系统研究。

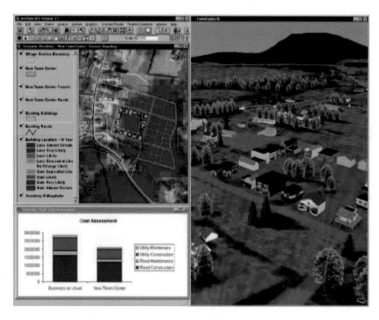

图 3-6 CA-GIS 对于城市现象的模拟

来源：www.donhopkins.com

在这里需要指出的是，构建模型需要兼顾真实性和易处理性。无论构建哪类模型都应该尽量逼近真实系统，使模型能有效地替代真实系统。但是模型毕竟不是真实系统，在建模过程中必然会对真实系统做适当的简化，进行假设，对于复杂系统更是如此。在简化复杂的对象系统时，研究人员需根据研究需要重点处理相关度高的部分，其余的部分则可以简化甚至省略。这样的模型既能有效地表示与研究问题相关的真实系统特征，又不会因为过于繁杂而难以求解。

3.2.2　传统模型研究

在计算机技术出现以前，街区空间研究通常使用物理模型。物理模型是一种简化的真实系统对应物，如图 3-7、图 3-8 所示。因其具有良好的直观性以及可操作性，在街区空间研究中得到了广泛的应用，并持续至今。在进行相关研究之前，研究人员通常会建立一定比例的整体模型，首先形成对街区空间直观、全面的认知；进而利用模型进行一系列的实验，以得出建筑物性能的各种参数，再经过缜密而详细的讨论证明，最终得出一个合理的方案。虽然随着计算机技术的出现，人们对物理模型在技术上进行了拓展，但其局限性依然存在，并伴随着研究对象的日益复杂而越发明显。

图 3-7　现代建筑模型

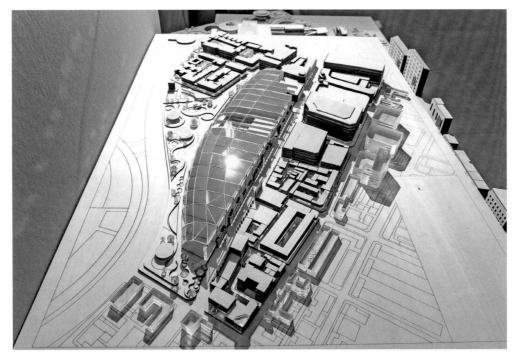

图 3-8　街区模型

另外，传统的模型研究还采用图示的方法来表述系统中的内在联系，也就是通常所指的"定性研究模型"，例如概念模型、结构模型、流程图等。这种研究模型能够刻画出系统的整体结构关系，但不能进行准确的量化研究，因此，在街区空间研究中，传统模型的应用通常停留于建筑师的抽象概念阶段，例如街区空间功能分区图示、操作流程图示等，只能从概念上把握街区的空间结构，涉及不到具体的问题[4]。

3.2.3　计算机模型

计算机技术的发展导致了一些新领域的出现，这些新领域迅速形成了以计算机建模为主的研究方法，例如分形几何学利用计算机技术能够生成复杂的图案，如图 3-10 所示。计算机模型在数据收集与处理、过程化、可控制性、可视化等方面具有极大的优势，为街区空间研究开拓了一个广阔的平台。目前来说，应用在街区空间研究中的计算机模型主要有虚拟现实模型、分析模型、系统模型。

1. 虚拟现实模型

物理模型在街区空间研究中一直占有重要的地位，然而，随着研究的深入，其局限性逐渐暴露出来。一般来说，传统的物理模型仅仅是抽象的空间表达，无法为人们带来街区空间中的真实感受。针对这一问题，近年来出现了以计算机技术为平台的虚拟现实模型，它是对物理模型的拓展，很好地弥补了物理模型空间体验方面的不足[5]，如图 3-9 所示。虚拟现实（Virtual Reality，简称 VR），是一种综合性的计算机、图形交互技术。它是一项集成了计算机图形学、多媒体人工智能、多传感器等技术的综合性计算机技术。它利用计算机生成模拟环境和逼真的三维效果，通过传感设备使用户与环境直接进行自然交互式体验[6]，如基于 ENsight 的虚拟现实技术，如图 3-10 所示。

与物理模型相比，虚拟现实模型大大拓展了模型的表现力以及与主体的互动性，不仅可以用来增强人们对于模型的体验，还能节省劳动力、时间等资源，减少不必要的工作过程。

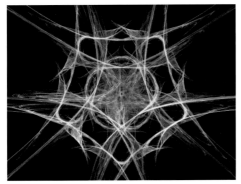

图 3-9 计算机生成的复杂几何图案　　　　图 3-10 基于 ENsight 的虚拟现实技术

2. 分析模型

在街区空间研究中还存在一种以分析为最终目标的模型，即分析模型。这类模型不是对现实世界的重现，而是致力于研究街区的空间关系，以及这种关系背后的影响因素与形成机制，属于定量研究的范畴。随着建筑学领域的发展，分析模型在街区空间研究中所占的比例越来越大，其中具有代表性的两种分析模型是地理信息系统与空间句法。

地理信息系统（GIS）是一种由计算机系统、地理数据和用户组成的通用技术，常被用于采集、存储、管理、表达地理空间资料，进而分析和处理海量地理空间信息[7]。

首先，GIS 具有强大的处理信息资料的能力，其在街区空间研究中常被用于处理现状信息，通过调研搜集街区空间的相关资料数据，并将这些数据进行分类整理，作为相关研究的基础资料。其次，GIS 还具有分析能力，可用于空间查询与空间分析、可视化表达与输出等，

在城市和街区空间研究领域，大量学者采用系统模型对城镇规模、结构、比例、形态等方面进行了相关研究。早期的系统模型有基于"中心地理论"和"牛顿力学"的城市空间静态模型，该类系统模型能够用来研究空间物质实体的状态及其相互作用，但是不能反映城市空间的组织过程和发展演变[11]。近年来，随着计算机技术的发展，空间建模技术逐渐完善，系统模型也实现了由静态模型向动态模型的转变。按研究视角的不同，系统模型又可分为宏观动力学模型和微观动力学模型。

1）宏观动力学模型。其是基于系统动力学发展而来的，反映了城市系统中各种要素之间的相互作用，适合用来进行城市各项指标的动态模拟，但缺乏位置、距离等必要的空间信息，不适合进行空间研究[12]。

2）微观动力学模型。其是基于复杂系统理论发展而来的，该类模型的建模原理是从系统的微观机制入手，通过建立局部机制来进行宏观现象的模拟，是一种"自下而上"的建模方法。随着复杂系统理论及其相关技术的发展，20世纪70年代出现了一种重要的微观动力学建模技术，即微观仿真技术，该技术的迅速发展为城市及街区空间研究提供了一个简单、适用的动态模拟工具。例如伦敦大学空间分析中心（CASA）利用微观仿真技术进行街区空间研究，如图3-15～图3-17所示，进行了从停车场到购物中心的人流运动分析[13]。

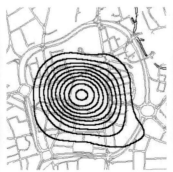

图3-15 城镇平面与停车场位置分析
来源：UCL CENTRE FOR ADVANCED SPATIAL ANALYSIS

图3-16 街区中心商业吸引力分析
来源：UCL CENTRE FOR ADVANCED SPATIAL ANALYSIS

图3-17 街区的步行人流分析
来源：UCL CENTRE FOR ADVANCED SPATIAL ANALYSIS

3.3 新技术的引入——微观仿真技术

3.3.1 概述

微观仿真技术是一种致力于从微观到宏观的复杂系统研究方法，其原理与复杂系统的特性是相对应的，是一种"自下而上"的研究方法。微观仿真的建模原理是由系统内部微观的主体行为自发地涌现出系统的宏观特征及现象[4]。一般来说，在进行微观仿真研究时应有如下 3 个假设：①微观个体的行为是自发进行的，不存在全局的控制因素，通过微观个体的相互作用自动涌现出系统的宏观现象；②微观个体之间相互作用、相互影响；③微观个体的行为规则比较简单，以减少模型运算量，但是需要反映系统的本质特征。

从技术发展的时间顺序上来看，微观仿真技术可划分为微观分析模拟、元胞自动机（CA）、多主体仿真（MAS）3 种微观仿真技术[4]。在此，根据这 3 种技术在街区空间研究领域的适用性，选取了元胞自动机（CA）和多主体仿真（MAS）作为研究视角，从这两个角度分别对于微观仿真技术在街区空间研究中的应用进行系统的总结与归纳分析。

3.3.2 元胞自动机（CA）

1. 定义

元胞自动机（Cellular Automata，CA）是针对复杂系统的一种仿真技术，通过制定元胞行为的约束条件，自下而上地涌现出系统的宏观特征。元胞自动机（CA）模型可以动态地描述规则空间中由许多个体局部相互作用组成的复杂系统，因此元胞自动机不是某一特定形式的模型，而是一类微观仿真模型的总称，或者说是一种复杂系统研究方法[14]。

2. 网格和元胞

元胞自动机（CA）模型由网格和元胞组成。网格是模型对现实世界的抽象，通常按维数分为一维、二维、三维网格，一维网格是若干线段组成的一条直线，二维网格是由正方形、六边形等组成的网格平面，三维网格是由空间单元组成的立体网格。元胞是系统行为的个体，具有空间坐标和其他属性，处于网格世界之中，每一个元胞占据一个单元网格。

3. 边界的问题

由于建模技术的限制，元胞自动机模型的网格世界不能无限延伸，因此在运行相关模型时需要考虑边界的问题。通常来说具有两种处理方法：一种是制定元胞的行为规则，使其在边界围合的空间内活动；另一种方法是将网格世界进行回绕，元胞超出边界时，会自动出现在网格世界的另一端。图 3-18 是一维网格的边界处理方式，图 3-19 为二维网格的边界处理形式[15]。

4. 仿真流程

元胞自动机（CA）模型的仿真流程是一个由假设到结果的过程，如图 3-20 所示。通过对仿真参数、仿真时间、仿真次数等进行控制，能够得出需要的仿真结果。

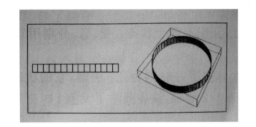

图 3-18　一维网格的边界处理方式

来源：宣惠玉、张发 . 复杂系统仿真及应用 [M]. 北京：清华大学出版社，2008，81。

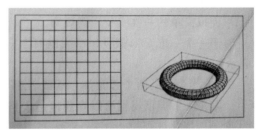

图 3-19　二维网格的边界处理方式

来源：宣惠玉、张发 . 复杂系统仿真及应用 [M]. 北京：清华大学出版社，2008，81。

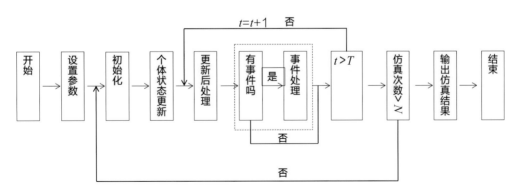

图 3-20　元胞自动机（CA）模型的仿真流程

来源：宣惠玉、张发 . 复杂系统仿真及应用 [M]. 北京：清华大学出版社，2008，83。

3.3.3 多主体仿真（MAS）

1. 定义

多主体仿真（MAS）是在元胞自动机（CA）之后发展起来的一种复杂系统建模方法，两者具有相似的结构。不同的是多主体仿真技术将元胞自动机模型中的元胞替换为具有一定行为能力的主体（Agent），主体与环境、主体与主体之间具有更加灵活的关系，其仿真过程更加灵活、自然，能够模拟更为复杂的现象[4]。

2. 多主体系统

一般来说，多主体仿真模型中存在多个主体，这些相互作用的主体所组成的系统就是多主体系统。其中的每一个主体都相对独立，拥有自身的属性与行为规则，并且是相互作用的。图 3-21 描述了一个多主体系统的结构，该模型中的主体作用于模型环境，同时相互影响，具有复杂的关系。主体之间的关系主要表现为结构关联性和行为关联性两个方面[4][16]。

1）结构关联性。不同主体之间具有结构关系，例如对等关系、小组关系、上下级关系、熟人关系、敌对关系、继承关系等。

2）行为关联性。主体作用于模型环境时，其影响范围发生了重叠，这就意味着它们之间产生了行为上的相互影响。

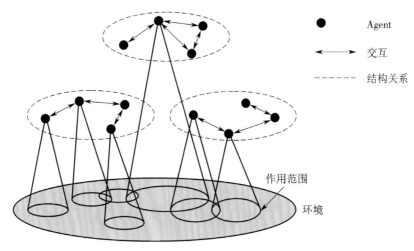

图 3-21 多主体系统结构示意图

来源：宣惠玉、张发 . 复杂系统仿真及应用 [M]. 北京：清华大学出版社，2008，110。

3. 仿真流程

与元胞自动机相比，多主体模型的仿真流程更加复杂，包括建立模型、仿真运行和结果分析 3 个主要阶段。其主要流程如图 3-22 所示，在模型运行过程中，需要不断进行模型的校核验证，即通过仿真结果与实际数据进行对比来调整模型参数，使模型世界无限地接近现实世界，直至达到研究要求[4]。

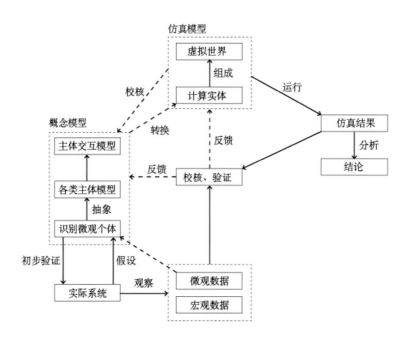

图 3-22 多主体系统的仿真流程

来源：宣惠玉、张发 . 复杂系统仿真及应用 [M]. 北京：清华大学出版社，2008，113。

3.4　本章小结

本章在相关资料与案例的基础之上，总结了街区空间研究的发展趋势，并从理论与技术两个主要层面予以梳理、总结。

从理论上来看，街区空间研究是一个较窄的学科领域，要想从根本上解决一些难以克服的问题，则必须拓展其学科范围。如今，多学科交叉现象已经较为普遍，尤其是系统科学的出现，为诸多领域提供了一种适应性很强的新型研究方法，即系统研究法。

从技术上来看，建模研究一直以来在街区空间研究中具有重要的作用，从传统的物理模型、概念模型到如今的分析模型、系统模型，计算机的高度发展将建模研究推动到了一个新的层面。微观仿真技术就是在这样一个背景下产生的，它是一种致力于从微观到宏观的复杂系统研究方法，其原理与复杂系统的特性是相对应的，是一种"自下而上"的研究方法，主要包括元胞自动机（CA）和多主体仿真（MAS）两种建模技术，它们在街区空间研究中具有较为广泛的应用。

参考文献

[1] 李署华 . 从系统论到混沌学：信息时代的科学精神与科学教育 [M]. 桂林：广西师范大学出版社 ,2002.

[2] 苏宏志 . 系统科学的建筑观与创作方法研究 [D]. 重庆：重庆大学 ,2007.

[3]MORRISON M.‘Models as Autonomous Agents’, in Models as Mediators: Perspectives on Natural and Social Sciences[M]. Cambridge: Cambridge University Press,1969.

[4] 宣惠玉 , 张发 . 复杂系统仿真及应用 [M]. 北京：清华大学出版社 ,2008.

[5] 王歌风 . 建筑设计中的数字手段与虚拟现实技术 [D]. 北京：中央美术学院 ,2007.

[6] 凌珀 . 虚拟现实——建筑设计的新思维 [J]. 建筑学报 , 1998(12):24-27.

[7] 王建国 , 蔡凯臻 . 数字技术方法在现代城市设计中的应用 [J]. 南方建筑 , 2008(2):28-32.

[8] 武润宇 . 基于 ML-GIS 的公共空间活力及其影响因素识别优化研究——以天津市中心城区为例 [D]. 天津：天津大学 ,2020.

[9] 段近 . 空间句法与城市规划 [M]. 南京：东南大学出版社 ,2007.

[10] 茹斯·康罗伊·戴尔顿 . 空间句法与空间认知 [J]. 世界建筑 , 2005(11):41-45.

[11] 郑占 . 基于 CA 模型的城市用地扩张模拟研究 [D]. 武汉：华中农业大学 ,2010.

[12] 孙战利 . 空间复杂性与地理元胞自动机模拟研究 [J]. 地球信息科学 ,1999(2):32-37.

[13]BATTY M. Agent-Based Pedestrian Modelling[M]. London: The Esri Press，2003.

[14] 刘洪刚 . 初等元胞自动机的演化及模糊元胞自动机 [D]. 大连：大连海事大学 , 2006.

[15] 黄秀兰 . 基于多智能体和元胞自动机的城市生态用地演变研究 [D]. 长沙：中南大学 ,2008.

[16] 刘慧杰 . 多主体模拟的建筑学应用——以 NetLogo 平台为例 [J]. 华中建筑 ,2009(8):99-103.

第 4 章 基于元胞自动机（CA）的街区空间研究

天津文化中心

4.1 街区空间的复杂性

通常，一个城市被人所熟知的除了个别极具文化或象征意义的建筑外，就是充满生活氛围的街区，因为其承载了城市的历史、居民的生活，是活力与复杂性并存的世界，如图 4-1所示。

4.1.1 影响因素的复杂性

从范围上来看，街区空间是城市空间的一部分，街区系统是城市系统的一个子系统，因此街区系统与城市系统具有同样的影响因素，即自然、社会、经济等宏观因素，这些因素之间相互影响、相互作用，共同构成了街区系统的整体性影响因素。这些影响因素是复杂且多变的，在通常状况下，并不易于被系统地认识与研究。一般来说，这些影响因素按照自身的规律作用于街区系统，这类作用并非简单的并置或叠加，而是在特定约束条件下相互开放、

图 4-1 天津意式风情街区广场上的灯光秀，人群密集

影响，从而形成一个动态复合的街区系统。总的来说，街区系统影响因素的复杂性体现在以下影响点。

1. 自然系统的复杂性

此处所讨论的是狭义的自然系统，亦称天然系统，构成其整体的要素为天然物，而非人造物，它是与人工系统相对应的。从这种意义上看，自然系统的复杂性直接来自自然界的复杂性。例如自然界复杂的地形地貌、地质条件、水文条件等，在城市发展的某一阶段内，直接决定了街区空间的形态与特征，进而构成了整个城市的空间结构特征。

2. 社会系统的复杂性

与将城市划分为街区相类似，街区的社会系统也可按属性划分为若干子系统。每一个社会子系统都包含复杂的人类活动，着重强调城市中的群体属性，如政治、文化、宗教、习俗、种族、血缘、阶级、组织等，形成了各种层面的社会网络，它们互相叠合、交织，构成了复杂而有序的整体[1]。

3. 经济系统的复杂性

街区发展最重要的一个影响因素就是经济因素，经济系统涉及环境与资源的生产、分配、交换、消费等多个环节，是城市系统中最活跃、最容易变化的要素。一方面，它为街区的发展提供了必要的条件，另一方面也对街区的规模、功能和结构提出了相应的要求[2][3]。

4.1.2　物质实体的复杂性

从狭义上看，街区空间主要由其中的建筑物、构筑物、街道构成，它们是构成街区的物质实体部分。即使相对单调的建筑单体形式，也可以创造出极为丰富的城市街道形态。再加上建筑本身是复杂而多变的，混杂的建筑功能、形式、风格、体量、材料等因素，共同导致了街区的复杂性，而在本书中仅仅考虑街区本身的物质构成，这在理想化的街区空间分析中已经足够，但是现实世界中的街区却更为复杂。

从广义上的街区来看，构成其空间形态的物质实体还应包括河流、山地等自然地形因素，例如古北水镇的水街（图 4-2）、江浙的沿河街巷（图 4-3），河流已经成为街区空间不可分割的一部分，要进行街区空间研究，就必须考虑将河流等自然地形因素纳入物质实体的范畴。再如，重庆的山地城市（图 4-4）、希腊的圣托里尼（图 4-5、图 4-6），街区的布局完全与地形融为一体，要研究其街区空间形态，就必须从山地城市的特点入手。

图 4-2 古北水镇的水街（组图）

图 4-3 无锡拈花湾小镇

图 4-4 重庆山城

图 4-5　希腊圣托里尼（一）

4.1.3 认知主体的复杂性

　　街区不光是由物质实体构成的，更重要的还有生活在其中的空间认知主体——人群。人的主观认知对于街区空间形态的影响虽然不是决定性的，但却至关重要。例如，个人对建筑物的偏好以及对使用功能的追求将间接导致街区空间形态的改变。同时，评价一个街区空间设计得好坏也是基于人的空间使用情况来进行的。与物质实体相比，街区空间的使用主体具有更加复杂的特征。首先，主体本身具有复杂性。街区空间中的人群构成极为复杂，包括居民、游人、过境人流等，每一类人的性别、职业、年龄、受教育程度等因素又不尽相同。这直接影响了相关研究的难度与结果的有效性。其次，主体的行为具有复杂性。街区中人的活动不仅要受到其自身的影响，还受到周围人群、环境以及诸多随机因素的影响。

　　影响因素、物质实体、认知主体的复杂性共同构成了街区的复杂性特征，同时，这 3 个方面在时间上都是不断变化发展的，这将导致街区系统具有动态特征。因此，若将街区看作一个系统，这个系统具有复杂系统的特征。传统的建筑学研究方法对于街区空间的理解十分有限，并且是将街区切分成各部分来研究，虽然具有一定的研究深度，但已经不能满足日益复杂的问题，急需一个新的方法来应对街区空间的复杂性。

图 4-6 希腊圣托里尼（二）

4.2 元胞自动机（CA）的适用性

4.2.1 关于空间环境的建模技术——CA

正如第2章所述，元胞自动机（CA）是基于空间网格的动态模型，而现实世界的空间环境也常被划分为空间网格单元来进行研究，因此CA在空间环境模拟方面具有很大的优势。如图4-7所示，该模型模拟了不同演化规则下的元胞扩展，虽然规则较为简单，但是可以模拟出复杂的整体变化[4]。元胞自动机（CA）适合用来进行空间环境模拟，具体表现如下。

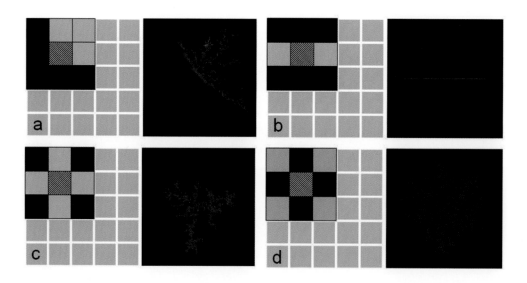

图 4-7　CA 模型中不同演化规则下元胞的扩展（组图）
来源：Michael Batty, Digital Breeder for Designing Cities

1）元胞自动机模型的内部构成具有空间的概念，其模型的网格世界与元胞本身就具有明确的空间关系，因此适合进行空间环境方面的模拟，并且能与其他空间环境研究技术结合，通过简单的局部空间转换规则，来模拟复杂的空间行为和过程，具有广泛的适用性[5]。

2）元胞自动机模型具有微观的研究视角、"自下而上"的研究思路以及基于计算机的强大的计算能力，在复杂系统的空间模拟方面具有很好的适用性。

3）元胞自动机是一种动态的建模方法，其在空间环境模拟中加入了时间维度的因素，因此能够进行复杂系统的时空动态模拟。

4）元胞自动机模型在运行过程中没有人为的控制因素，系统的宏观特征是通过元胞的自主行为而涌现出来的，因此其模型具有较好的开放性和灵活性，符合空间环境模拟的复杂性要求。

与城市系统一样，街区系统具有开放性、自组织性、随机性等复杂系统的典型特征。因此，从复杂系统的角度能够解释街区的复杂性，也就是说，使用复杂系统的研究方法来进行街区系统的相关研究是可行的。同时，元胞自动机还能与 GIS 等其他街区空间研究工具相结合，从街区系统的微观机制来模拟街区的发展与演化，为街区空间研究提供多种发展方向与科学的预测 [6]。

4.2.2 不同层面的 CA 相关研究

元胞自动机（CA）是一种动态模型，作为一种通用建模方法，常被用于研究系统现象。CA 模拟应用涉及社会和自然科学的多个领域。在宏观层面，CA 模型被广泛用于街区用地扩张模拟；在微观层面，CA 模型主要集中在人群步行行为的模拟，进而反映街区空间。

1. 在宏观层面的研究

已有 CA 相关研究主要集中在"街区空间用地演变"的模拟上，20 世纪 60 年代美国学者外斯（Weiss）在城市土地利用变化研究中采用了元胞自动机的思想，由此奠定了元胞自动机（CA）在相关领域的研究基础。此后研究者利用元胞自动机（CA）进行了大量的土地利用变化研究。20 世纪 70 年代，托布勒（Tobler）首次正式采用元胞自动机的概念来模拟当时美国五大湖区底特律城市的迅速扩张；20 世纪 80 年代，海伦（Helne）的相关研究奠定了元胞自动机在城市增长模拟方面的基础 [7]；20 世纪 80 年代后期，贝蒂等人进行了城市CA 的理论背景、扩展机制、应用方法等方面的基础性研究工作。

此后，元胞自动机在土地演变方面受到广泛的应用，例如黎夏、杨青生等在对广东东莞土地利用变化系统研究的基础上，利用约束性 CA 模型对广东东莞的土地利用变化进行了成功模拟；杨大伟、黄薇等人以西安回民区为例，通过建立街区空间结构演变的 CA 模型，模拟了该区域一定时间段的空间演变情况，揭示了街区空间结构演变的特征和规律；冯永玖、刘妙龙等人利用 GIS 与 CA 模拟了上海市嘉定区在 1989—2006 年的发展演化，与历史数据做比较，证明了 CA 模型的可用性。

2. 在微观层面的研究

已有 CA 相关研究主要集中在"街区空间安全疏散"的模拟方面，这些研究是以元胞自动机（CA）在城市交通方面的模拟为基础的。例如周金旺、刘慕仁、孔令江等人根据行人运动的实际特点，提出了一种概率型元胞自动机疏散模型，对教学楼层楼道疏散过程进行了模拟仿真；吕春山、翁文国等在人群运动模式的研究基础之上，利用元胞自动机建立了一个具有不同期望速度的人员从发生火灾的建筑物中疏散的模型；廖艳芬、马晓茜等人选取某一具体的地铁站为例，建立相关 CA 模型，分析了客流高峰期和非高峰期，以及地铁正常运行和火灾紧急运行状态下的人流疏散情况；郭玉荣、郭磊等人利用程序对建筑设计方案进行人员疏散模拟，找出建筑方案出现严重拥堵现象的临界人数，以论证建筑布局是否符合安全设计要求，并为建筑布局的改进提供参考。

随着元胞自动机（CA）在城市规划与建筑学领域相关研究的逐渐深入，其应用也逐渐渗透到街区空间研究的多个方面，在相关研究的分析整理基础之上，人们归纳得出了"用地扩张"与"安全疏散"这两个街区空间研究因子。现将街区空间的 CA 应用研究总结为表 3-1。

表 3-1 街区空间的 CA 应用研究 [8][9][10]

研究领域	研究者	时间	研究内容与贡献	主要研究成果（论文）	CA 研究因子	街区空间研究的 CA 应用
微观尺度的 CA 研究	M.Batty（马克・贝蒂）	1998	利用 CA 对伍尔弗汉普顿镇（Wolverhampton）嘉年华会的参与者在小镇的密度分布状态进行了动态模拟，并且与监控设备所获取的资料加以对比研究	*Local Movement: Agen based Mosels of Pedestrian Flow*	街区空间与人群行为	街区空间的安全疏散研究
	周金旺、刘慕仁、孔令江	2004	根据行人运动的实际特点，提出了一种概率型元胞自动机疏散模型，对某教学楼层楼道疏散过程进行了模拟仿真	《基于元胞自动机的行人流楼道疏散仿真研究》		
	吕春山、翁文国等	2007	给出了一种基于运动模式和元胞自动机的人员疏散模型；给出了一个具有不同期望速度的人员从发生火灾的建筑物中疏散的算例	《基于运动模式和元胞自动机的火灾环境下人员疏散模型》		

续表

研究领域	研究者	时间	研究内容与贡献	主要研究成果（论文）	CA 研究因子	街区空间研究的CA 应用
微观尺度的 CA 研究	孟晓静、杨立中	2008	量化了影响火蔓延概率的因素，能快速实现城市区域火蔓延过程的动态模拟，特别适用于城市宏观角度上的火蔓延模拟。模拟结果再现了火灾过程，这不仅提高了人们对城市区域火蔓延危害的认识，并且为城市规划设计和消防扑救措施提供了有益的理论依据	《基于元胞自动机的城市区域火蔓延概率模型探讨》	街区空间与人群行为	街区空间的安全疏散研究
	廖艳芬、马晓茜	2008	以广州地铁二号线某中间站为例，分析了乘客高峰期和非乘客高峰期，以及地铁环境正常运行状态和火灾紧急运行状态下的疏散动态特征	《基于元胞自动机的地铁火灾疏散动态分析》		
	郭玉荣、郭磊	2011	利用程序对建筑设计方案进行人员疏散模拟，可以找出建筑方案出现严重拥堵现象的临界人数，以论证建筑布局是否符合安全设计要求，并为建筑布局的改进提供参考	《基于元胞自动机理论的紧急人员疏散模拟》		
	余艳、白克钊、孔令江	2013	基于 VDR 模型，建立了行人与机动车相互干扰的元胞自动机模型。在开放边界条件下，研究了车辆产生概率、消失概率和绿信比对车流量及过街人数的影响。数值模拟表明车辆产生概率、车辆消失概率只在一定范围内影响车流量，有红绿灯设置时存在绿信比最佳取值范围	《行人与机动车相互干扰的元胞自动机模拟研究》		
	李兴莉、郭芳、邝华	2017	本文考虑突发状况下心理紧张程度对左右两组行人群体运动特征的影响及通道中行人偏右行走的习惯，建立了模拟紧急状况下的相对行人流势函数场模型。在周期性边界条件下，数值模拟再现了正常状态下相对行人流常见的分层、成行及相分离现象	《考虑紧张效应的相向行人流用势场 CA 模型》		

续表

研究领域	研究者	时间	研究内容与贡献	主要研究成果（论文）	CA 研究因子	街区空间研究的CA 应用
宏观尺度的 CA 研究	杨青生、黎夏	2007	在对广东东莞土地利用变化系统研究的基础上，利用约束性 CA 模型对广东东莞的土地利用变化进行了成功模拟	《基于遗传算法自动获取 CA 模型的参数——以东莞市城市发展模拟为例》	街区空间与用地扩张	街区空间的用地演变研究
	黎夏、叶嘉安	2006	将密度梯度函数引进了 CA 模型的转换规则中，并定义"灰度"来反映状态转换。利用该模型对不同可能的城市发展组合进行了模拟，为城市规划提供了辅助依据。	《基于元胞自动机的城市发展密度模拟》		
	杨大伟、黄薇	2009	该研究通过建立 CA 模型，并对其在西安历史文化街区的空间结构进行仿真，从而得到街区当前及未来空间的发展模式，揭示了街区空间结构演变的特征和规律	《基于元胞自动机模拟的城市历史文化街区的仿真》		
	张亦汉、黎夏、刘小平、乔纪纲、何执兼	2013	在传统元胞自动机 (CA) 模型中，静态的模型参数和模型误差不能释放是影响城市扩张模拟效果的两个重要原因。文中引入集合卡尔曼滤波方法到 CA 模型中，提出了基于联合状态矩阵的地理元胞自动机。将模型应用于东莞市的城市扩张模拟中，实验结果表明，模型能够准确地调整模型参数使之符合城市发展模式，同时也能有效地控制模型误差，其模拟的空间格局与真实情况吻合	《耦合遥感观测和元胞自动机的城市扩张模拟》		
	李丹、刘小平、罗勇、王云飞	2016	利用元胞自动机模型进行城市扩张模拟时，其使用的栅格数据格式和基于统计的转换规则提取方法必然会导致可变面积单元问题 (the Modifiable Areal Unit Problem, MAUP) 的出现，采用系统的敏感性分析方法对该问题的粒度效应、划区效应和综合效应进行了分析	《MAUP 效应在城市扩张元胞自动机模拟中的敏感性分析》		

4.3　街区空间的 CA 研究因子

通过对大量相关研究进行归纳总结，研究人员分析得出元胞自动机（CA）在规划学领域的相关研究主要集中在用地扩张与人群行为这两个方面，这是由元胞自动机（CA）的自身特性所决定的。由于元胞自动机模型不可避免地要对现实世界进行抽象，其模型与现实世界始终存在一定差距，同时，由于技术发展阶段的局限性，模型的仿真能力也是有限的。因此，元胞自动机（CA）仿真的方法只适合用来研究街区系统的宏观现象及发展趋势，而非街区空间研究的某一具体问题[6]。

针对元胞自动机模型的这一特性，结合街区系统的构成以及街区空间研究的传统框架，本书归纳出街区用地和街区人群这两个 CA 研究因子，从这两个角度来研究街区空间的用地扩张与人群行为这两个宏观现象，并结合元胞自动机（CA）模型在街区空间研究中的案例应用加以陈述分析。

1）城市土地与街区空间的关系（用地扩张）。街区空间所存在的现实世界即城市土地，街区空间的发展演变在宏观尺度上表现为城市用地的发展与扩张。通过街区空间用地的扩张仿真，能够对街区空间的未来发展做出科学合理的预测与判断。

2）认知主体与街区空间的关系（人群行为）。街区空间的认知主体是人群，CA 通过对个体行为的仿真，能够形成宏观的人群行为，对于研究街区空间的几何特性与使用状况具有重大的意义。同时，在应用上，CA 能够对街区空间的步行行为进行仿真研究。

4.3.1　街区空间与用地扩张

如今，人口增长、经济发展、城市产业结构调整等因素直接推动了城市的扩张，相应地促进了街区用地的扩张。与西方城市的旧城空心化与城市郊区化现象相对应，街区用地的发展变化有两种主要方式：一种是城市用地向外扩张到一定程度后，针对出现的旧城空心化现象，街区土地被重新开发利用，或者街区用地的功能被置换等，类似于街区更新。另一种是随着城市郊区的发展，在城市边缘创造出新的街区，类似于新区建设。街区空间形态通常由城市产业结构、交通路网形式等因素决定。

从结果上看，街区用地扩张的外在表现为土地利用方式的改变，而实质上是土地使用主体在各种驱动因素综合影响下的决策和行为作用于街区用地的产物，这些驱动因素可以被整合为街区用地发展的约束条件，这与元胞自动机（CA）模型中演化规则的制定是相似的。同时，街区用地研究在形态上多采用二维平面的方式，街区通常被划分为土地单元进行研究，这与元胞自动机（CA）模型中的虚拟世界的格栅特性也是相吻合的[5]。

因此，我们可以通过选取街区用地作为研究对象，引入元胞自动机（CA）的研究方法，构建相关模型，模拟一定约束条件下街区用地的发展演变，进而直接得出街区空间形态与布局的发展趋势，为街区空间发展策略提供相应的理性支撑。从研究视角来看，CA 是一种基于街区空间物质实体的研究方法。该方法的优势在于模拟预测的科学性与合理性，同时，通过模拟参数的设置与改变，可以得出某些约束条件对于街区空间发展的影响程度。

元胞自动机（CA）模拟街区用地扩张的可行性及合理性可总结如下。

1）元胞自动机（CA）"自下而上"的建模思路符合街区用地扩张的普遍规律。街区用地扩张是一个"自下而上"的过程，虽然其发展受到城市规划、发展策略等"自上而下"的力的作用，但是其自身的发展是一个基于土地单元的相互作用过程，这与元胞自动机"自下而上"的建模原则是相符的。

2）元胞自动机（CA）建立的模型具有时间与空间双重特征，这与街区用地扩张具有相同的属性。街区用地扩张具有时间与空间的双重属性：在空间上表现为土地的二维及三维扩展，在时间上表现为同一区域的土地单元之间存在着持续的相互作用，维持着街区用地的动态平衡。这与元胞自动机（CA）基于时空的建模原则是相符的。

3）元胞自动机（CA）是一种基于计算机技术的建模方法，能够承担街区用地扩张研究需要的大量运算工作。广义上的街区具有较大的范围与尺度，尽管土地单元间相互作用的规则较为简单，但是也会导致庞大的运算过程，传统人工计算方法很难完成。而元胞自动机（CA）是基于计算机技术平台而开发的一种建模方法，有能力承担庞大的运算量。

4.3.2 街区空间与人群行为

从街区层面来看，街道与建筑共同组成了街区空间的物质实体，而人群则构成了空间的认知主体。无论从哪一方面入手研究，都能达到反映空间的目的。传统的研究思路大多从物质实体方面入手，在研究视角上隶属于传统建筑学的还原分析方法。而空间的认知主体，即街道的使用人群，同样可以反映街道空间的属性特征。我们可以通过研究街道的人群运动来反映空间是如何被使用的，以及空间将会向什么方向发展。如今，随着电脑技术和数据采集技术的高度发展，模拟研究已经成为建筑学领域的一种常见研究方法，由此为人群行为的模拟研究创造了条件[11]。

到目前为止，建成环境中的人群运动模拟研究的重点往往在于起点与终点之间交通流的模拟，而人群运动的模型也常被用于描述街道容量和可达性的数据统计关系，而较少有人努力去拓展这一研究方法。微观仿真技术是基于复杂系统理论的一种建模技术，具有研究复杂现象的能力，十分适合用于模拟城市街区空间中人群的运动[7]。在此，我们将街区看作一个复杂系统，引入微观仿真的研究方法，尝试从空间建模转移到个人的动态模拟以及集体决策行为的模拟，运用交通流理论的逻辑来模拟小尺度环境中人群的几何性运动，转而反映街区空间。现将元胞自动机（CA）模拟人群行为的可行性及合理性总结如下。

1）局部区域空间的人群行为反映街区空间的几何形态。街区的物质实体决定了街区空间的几何形态，例如建筑物的类型与布局方式、街道的规模和方向、交通设施的位置会对整个街区的全局秩序产生影响。而这种全局秩序的控制延伸到各个局部区域的人群行为，通过研究人群的聚集、扩散、前进、拥堵等行为，可以预测局部区域的现有空间形态是否合理，从而做出相应的改进措施。同时，可以对街区空间设计方案对应的空间使用情况进行预测。

2）人群行为具有随机性与偶然性，这与元胞自动机（CA）的特点类似。空间认知主体的复杂性导致了个体行为具有一定的随机性与偶然性，例如个体的前进、停留或后退行为，不仅受到空间几何形态的制约，还受到自身的选择性偏好与周围其他个体影响的多重作用。而元胞自动机（CA）对于元胞个体的发展模拟具有一定的随机性，这很好地弥补了传统研究方法的不足。

3）人群行为是由微观到宏观的行为集合，与元胞自动机（CA）的原理相同。人群中的个体行为在宏观上构成了街区空间的人群整体行为，但这种组合并不是简单的叠加，而是自下而上、由微观到宏观的"涌现"。而元胞自动机（CA）正是一种通过微观个体的模拟进而展现系统宏观特性的研究方法，从研究视角上来说是相符合的。

4）人群行为的影响因素难以直接控制，而元胞自动机（CA）的参数控制则十分方便。从宏观范围来看，人群行为是由诸多因素所控制的。比如旅游区停车场的位置与景点位置决定了游客行走路径的大致趋势，若调整这些设施的位置，必然会引起游客路径的改变，这些改变通常不是确定的或难以被简单认知的。现实世界中的这种控制因素的改变通常是不可逆或者需要付出较大代价的，因而在实际中不能随意地改变。而元胞自动机（CA）的出现提供了这种可能，通过设置可控的 CA 模型参数，反复运行模型，可以得到不同控制因素条件下的系统演化状态，具有很好的可操作性。

4.4 街区空间的 CA 模拟应用及评价

元胞自动机（CA）已被用来对大规模城市现象进行模拟，如区域增长、城市扩张、住区扩张、人群动态、经济活动和就业、城市化历史、土地利用演变等，而较少涉及下一个层面，即街区尺度的课题研究。即便如此，仍有学者在已有的研究基础上做出了拓展，从城市尺度到街区尺度，利用元胞自动机（CA）的建模优势在街区空间研究中寻求新的突破。

4.4.1 街区空间的用地演变

街区空间演变是街区在各影响因素的作用下产生的空间结构及布局的变化，归根到底是物质实体变化导致的空间形态变化。因此，从研究物质实体的角度出发，可以把握住街区空间演变的实质。通常来说，街区空间的演变研究可分为街区用地、街道、建筑单体等的研究，其中，街区用地是街区空间形态形成的基础，直接决定了街区的整体空间布局。从某种意义上来说，街区的演变可以看作是不同土地类型相互转化的宏观表现，因此，街区用地可以作为街区演变的研究因子。

4.4.2 动态的街区空间

街区系统是一个动态、开放的复杂系统，通过不断的自我更新及对环境的适应性变化来维持自身结构的有序。其开放性表现为街区系统与环境之间的物质、信息交流，这里的"环境"并非自然环境，而是包括自然环境、城市环境、社会环境等多重意义的环境。随着城市的扩张，环境的影响日益增强，街区系统日益复杂，其开放性特征也越来越强，这也是街区系统能够维持平衡的一个重要原因。同时，街区系统本身具有一定的自适应性和自组织性。自组织性是指街区系统的内部发展存在着自组织的规律性，而自适应性则是街区系统本身对外部环境具有自适应的能力。

街区系统中的各组成要素并非简单地并置或叠加，而是存在着普遍的非线性作用。要素的变化往往受到多种因素的综合作用，并给多个要素形成反馈。这种非线性作用使街区演化具有多样性和不确定性，同时也形成了街区系统的动态性，具体表现如下所示。

1. 动态的环境

街区系统依赖于环境而存在，而环境作为一个复杂系统，无时无刻不在发生变化，本身具有动态特征，因此，街区系统需要随时调整自身的结构状态，以适应环境的变化。

2. 动态的物质实体

街区系统中，建筑、街道等物质实体随时面临着更新，虽然它们以物质实体的形态出现，但是一直处于动态的变化之中。街区功能现状与人们日益发展的需求之间的矛盾推动着物质实体的更新。

3. 动态的认知主体

街区系统中的空间认知主体即街区的使用者作为一个群体，其结构与属性一直处于变化之中；其中的个体也是随时间而变化的。

传统的街区演变研究往往是从经济、社会、商业、交通等宏观影响因素入手，静态地描述街区结构和面积指标的变化，缺乏足够的空间信息，并不涉及对街区演变的微观相互作用，不符合街区发展的随机性和不确定性。近年来，元胞自动机（CA）由于其动态模拟的特性，受到越来越多的城市与街区研究者的关注，并被实际应用。

4.4.3　街区用地演变的 CA 模拟

街区演变是随着城市的扩张而进行的，从规模上看，分为宏观与微观两个层面。两个层面扩张的范围、内容、原理是不同的。

1. 大尺度街区演变的 CA 模拟

大尺度的街区演变研究以大范围的街区作为研究对象，以接近城市尺度的街区用地扩张来进行街区演变的研究。从本质上来看，街区用地扩张即街区系统自组织过程中形成的用地属性的演变。不同的街区空间代表了不同属性的土地空间单元，这些土地单元之间可以相互转化。本研究案例主要着眼于街区系统中不同种类的用地，根据需要进行以下具有针对性的研究。

（1）居住、工业和商业用地的演变

本研究以呼和浩特市作为研究对象，选取居住用地、工业用地和商业用地 3 种主要用地作为研究因子，建立相关 CA 模型，对该区域的街区空间演变进行模拟分析。

首先，将现实数据资料转化为 CA 模型可利用的矢量数据，如图 4-8 所示。同时，为了简化模型,并且考虑到交通用地和其他用地通常具有相对稳定性,在短时间内不会发生显著的变化,因此将交通用地和其他用地设置为 CA 模型中的不变因素。

其次,利用已有资料建立 CA 模型,进行相关问题的研究。以 1995 年的相关资料为基础,模拟得出该区域 2010 年的土地利用情况,如图 4-9 所示,并通过比较二者的用地构成与分布情况,得出了该区域街区空间的大体发展趋势,如图 4-10 所示,即主要往南向扩张,东西方向的发展受到限制。同时,将模拟结果与实际数据进行对比,得出这种发展趋势除与该区域的地质地貌、耕地保护政策有关外,还与东西道路不畅通有关。

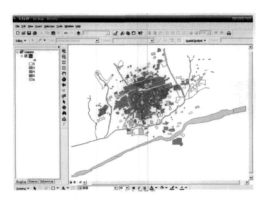

图 4-8 将实际地形转化为矢量数据

来源:萨楚拉,基于 GIS 与地理元胞自动机模型的城市空间扩展模拟研究——以呼和浩特市为例 [D]. 呼和浩特:内蒙古师范大学,2007。

图 4-9 基于 1995 年的数据模拟得出的呼和浩特市 2010 年的用地情况

来源:同图 4-8。

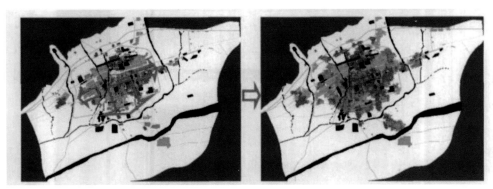

1995 年呼和浩特市土地利用情况　　　　　　2010 年模拟生成的呼和浩特市土地利用情况

图 4-10 呼和浩特市土地模拟情况

来源:同图 4-8。

　　该研究利用相关模型得出了街区空间的演变情况，再结合实际情况分析，从大范围尺度上，把握住了街区空间演变的趋势与整体结构。模拟结果可作为街区空间研究中的居住、工业和商业用地选址与规划设计的数据参考，为更加合理的街区土地利用以及空间形态规划创造了条件[12]。

　　（2）建设用地、农业用地、水域的演变

　　此研究以武汉市作为研究对象，通过比较武汉市中心城区 2000—2004 年的街区用地布局状况，发现该阶段的街区用地变化主要表现为其他用地向城市建设用地转变，因此选取了建设用地、农业用地、水域 3 种主要用地作为研究因子，建立相关 CA 模型，对此区域的街区用地与农业用地布局的转化与演变进行模拟分析[13]。

　　首先，在相关理论与案例的研究基础之上，建立 CA-Markov 模型作为研究的方法与工具，并进行验证，并对模型需要的数据资料进行收集整理，并将其处理成为相关 CA 模型的直接数据资料。

　　其次，以 2004 年的数据为基础，建立相关 CA 模型，模拟出 2008 年的武汉中心城区用地布局，模拟结果如图 4-11 所示，并与调查得到的实际情况相比较，结果如表 3-2 所示，模拟结果与现实情况是大体相符的。

　　最后，武汉市中心城区 2008 年的用地模拟分析验证了模型的准确性及有效性，因此可以用来预测该区域未来的用地发展状况。在相同的参数条件设置下运行模型，得到了 2020 年武汉中心城区的城市用地模拟图，如图 4-12 所示。该模拟结果可以作为农业用地规划、水域规划以及街区用地扩张规划的依据，同时，可以预测大范围的街区空间形态演变趋势[13]。

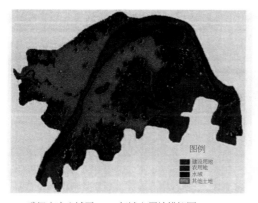 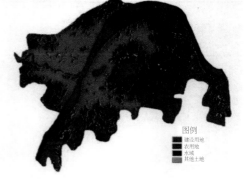

武汉市中心城区 2008 年城市用地模拟图　　　　　　武汉市中心城区 2008 年城市实际用地图

图 4-11　武汉市中心城区 2008 年城市用地模拟图与实际用地图
来源：郑占，基于 CA 模型的城市用地扩张模拟研究 [D]. 武汉：华中农业大学，2010.

表 4-2　2008 年模拟数据检验　　　　　　（单位：万米²）

	建设用地	农用地	水域	其他用地
2008 年模拟值	31 390.640 14	28 122.174 31	24 499.063 84	743.13
2008 年统计值	322 441.75	29 642.85	25 919.45	837.90
模拟误差	3.74%	7.71%	4.48%	10.69%

来源：同图 4-10。

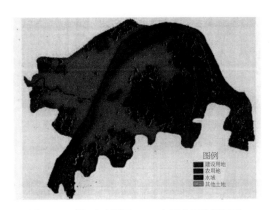

图 4-12　武汉中心城区 2020 年城市用地模拟图
来源：同图 4-11。

2. 小尺度街区演变的 CA 模拟

　　小尺度的街区演变研究是从微观的角度来看待用地演变的，以局部区域街区用地的扩张演变来研究较小尺度的街区演变。与大尺度的街区演变不同，一旦将范围缩小，由街区系统呈现出来的结构与要素都会发生变化。例如大尺度街区研究不会涉及具体的建筑分布形态，而只是街区用地的扩张演变；也不会研究街区内部的社会结构、文化结构与空间演变之间的关系，而这一类问题在小尺度街区演变研究中都会涉及。

　　为了便于界定范围，本研究选取了一个独立性较强的街区作为研究案例，即以西安旧城中心地段的回民区为研究对象，这是西安回族人最集中的区域，同时也是最具有历史文化特色和城市空间复杂性的区域。这个街区具有明显的空间结构特征，因此有利于街区空间演变约束条件的获取，同时也适合使用元胞自动机（CA）进行抽象模拟[8]。

　　在掌握相关资料的情况下，建立相关 CA 模型，模拟街区空间在约束条件的作用下未来 10 年街区用地的发展演变。根据元胞自动机（CA）模型的特点，将建模过程分为 4 个步骤，如图 3-13 所示。其模拟结果如图 3-14 所示，从中可以看出，街区符合穆斯林"围寺而居"的空间形态，也充分体现出此区域城市空间结构的自组织性和复杂性。同时，西安回民区的空间结构呈现破碎化、分离化的倾向，回民聚居区的"围寺而居"现象明显。

　　该案例通过对小尺度范围的城市街区建立 CA 模型，模拟其在一定时间段的空间用地演变，将"社会、文化结构影响街区空间演变"的推论在技术上进行了实现，得到了街区当前及未来空间的发展模式，揭示了街区空间结构演变的特征和规律。因此，该模拟结果可作为街区空间规划时的参考，引导街区空间结构的规划与设计。

图 4-13 小尺度街区演变 CA 模型的建模步骤

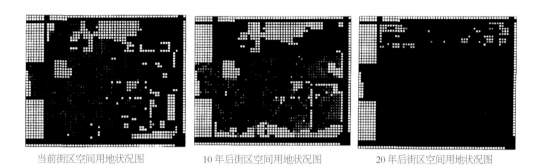

当前街区空间用地状况图　　　　10 年后街区空间用地状况图　　　　20 年后街区空间用地状况图

图 4-14 元胞自动机模拟对比

来源：杨大伟, 黄薇. 基于元胞自动机模型的城市历史文化街区的仿真 [J]. 西安工业大学学报,2009,29（1）:79-82.

4.4.4 街区空间的安全疏散

街区空间给人群提供生活、活动场所的同时，由于某些突发事件的发生，也会对人群的安全造成影响，例如地震、火灾等突发性因素。如何有效地在突发状况时对人群进行控制与引导，需要从街区空间与人群行为二者的互动关系上寻求突破口，即解决街区空间的疏散问题。目前，与街区空间疏散的有关研究主要集中在街区的防火疏散上，研究人员通常从人群行为的研究出发，通过空间认知主体的属性特征来间接地对街区空间的几何形态特征进行研究探讨，其研究对象即空间的认知主体——人群。

1. "不安全" 的街道

一直以来，街区空间的防火疏散都是一个重要的研究课题。一般来说，街区空间可以分为地上空间与地下空间，地上空间又可分为室内空间与街道（室外）空间。发生火灾时，由于街道空间与公园、广场等安全地点是连通的，因此当人群疏散至街道时已经能够保证相对安全，也就是说，此处研究的人群疏散行为是一个人群由室内空间、地下空间疏散至街道空间的过程。

2. 街区安全疏散的模拟

（1）街区地下空间的防火疏散

街区地下空间通常具有规则的空间形式以及较高的疏散要求，因此，基于防火疏散的空间研究成了热点课题。此处的研究案例选取了地铁站这一具有大量人流的地下空间类型作为研究对象，研究在火灾发生时，人群由站台疏散到地面的过程。由于具有空间上的特殊性，地铁空间防火疏散的研究重点在于人群的疏散状况及其影响因素。

首先，选取某地铁站作为具体的研究实例，将地下空间平面图转化为 CA 模型中的二维格栅平面，设置人群产生点、楼梯位置、出口位置等。图 4-15 所示为该地铁站平面图。研究将调查所得的基本数据作为 CA 模型建立的基础，例如高峰客流量、列车运行的时刻表等。

图 4-15 站台和站厅结构简图

来源：廖艳芬，马晓茜 . 基于元胞自动机的地铁火灾疏散动态分析 [J]. 系统仿真学报 ,2008(24):6607-6612。

其次，通过实地调研，抽象出人群的行为规则，以此作为相关 CA 模型中人群疏散行为规则建立的依据。例如火灾发生时，所有扶梯自动切换为向上行驶，检票口闸机全部开放，在此状态下，平均 1.6 s 即可通过一个人。

最后，在不同参数设置下运行模型，得出疏散结果。图 4-16 为 400 人在模型运行到 32 s 和 64 s 时的疏散情况，据此结果显示，站台到站厅的楼梯和扶梯出现了排队现象，但并没有发现明显的拥堵。图 4-17 所示为 1 200 人在模型运行到 40 s、80 s、120 s 时的疏散情况。在此情况下，40 s 时，站台扶梯处出现拥堵，但站厅与检票口闸机仍能保证人员成功疏散[10]。

此研究以地铁站这一街区地下空间作为研究对象，在实地调研的基础之上，利用元胞自动机（CA）建立相关疏散模型，分析了人群由地下到地面的整个疏散过程以及不同参数设置下的疏散情况。该通用模型可以通过改变参数设置，为地铁站防火疏散设计提供理论支撑，并可用来检验已有空间设计是否符合疏散要求。

（2）街区室内空间的防火疏散

街区室内空间的防火疏散是一个以建筑物为范围、由内而外的人群行为疏散问题。在该

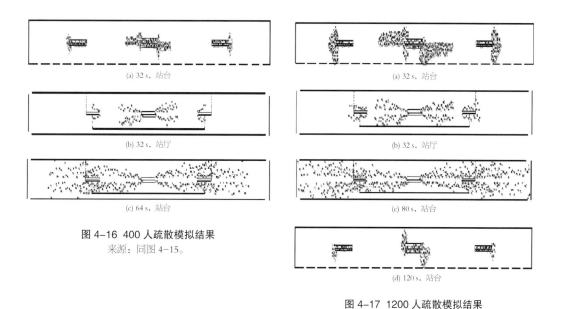

(a) 32 s, 站台

(b) 32 s, 站厅

(c) 64 s, 站台

图 4-16　400 人疏散模拟结果
来源：同图 4-15。

(a) 32 s, 站台

(b) 32 s, 站厅

(c) 80 s, 站台

(d) 120 s, 站台

图 4-17　1200 人疏散模拟结果
来源：同图 4-15。

研究范围内，人群的疏散行为具有诸多影响因素，例如室内空间的形式、大小、出口位置及宽度等。根据这些影响因素的不同，将疏散行为分为室内空间无障碍物、室内空间存在障碍物、行人视线受影响时 3 种情况，在 3 种情况下行人会表现出不同的疏散特征。

1）无障碍情况下的室内疏散研究。该情况下行人的疏散行为主要取决于出口的位置、数量与宽度。图 4-18 为系统规模 $W=20$，单安全出口、出口宽度 $L=2$、行人密度 $K=0.3$ 时的行人疏散模拟。该模拟结果显示了在该条件下，时间 $t=0$ s，$t=8$ s，$t=30$ s，$t=90$ s 这 4 个时间点的人群疏散情况，表明了该室内空间在 90 s 内能够大致完成疏散。该 CA 模型适合于理想状态下的室内空间疏散[9]。

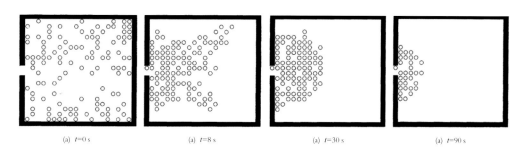

(a) $t=0$ s

(a) $t=8$ s

(a) $t=30$ s

(a) $t=90$ s

图 4-18　$W=20$，$L=2$，$K=0.3$ 时人群疏散模拟结果
来源：岳昊 . 基于元胞自动机的行人流仿真模型研究 .[D]. 北京：北京交通大学，2008。

2）存在障碍物的室内疏散研究。在真实世界中，室内空间往往具有隔挡与家具，这些都会成为人群疏散时的障碍，因此在进行疏散研究时不得不考虑。例如剧场、报告厅、教室等室内空间，具有固定的室内空间格局，并且通常情况下人群也具有相对固定的位置。针对这一特殊情况下的空间疏散建立相应 CA 模型，如图 4-19 为系统规模 $W=20$、单个安全出口、疏散行人初始位置固定的行人疏散演化过程[9]。

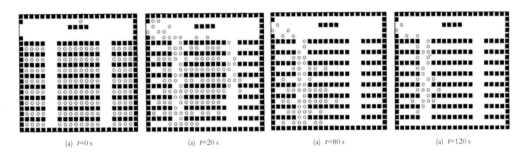

(a) $t=0$ s   (a) $t=20$ s   (a) $t=80$ s   (a) $t=120$ s

图 4-19 $W=20$、单个安全出口、疏散行人初始位置固定的行人疏散模拟结果
来源：同图 4-18。

3）视线受影响的室内疏散研究。在正常情况下，人对于室内空间的认知是依赖于其视线的，这也是传统的街区空间研究方法的基础。在这些研究中，行人通过视觉能感知室内空间的布局与环境状况。但在火灾发生时，由于停电、烟雾等因素的影响，人的基于视线的环境感知范围会受到限制。此时，人们的疏散行为不再完全取决于人的视线，而是更多取决于其所处的位置、火灾逃生行为意识以及该空间环境中的疏散通道、疏散标志等因素。此研究案例就是基于元胞自动机（CA）建立起来的人群疏散微观仿真模型来研究火灾发生时、视线受影响情况下的街区空间行人疏散行为。

首先，通过研究大量案例归纳得出视线受影响时的行人疏散特征，将其作为相关 CA 模型建立的依据，例如人群向安全出口聚集、竞争安全出口空间、离开疏散空间、随机移动、沿墙壁移动等特征。

其次，将行人的视野范围设定为 R，如图 4-20 所示，在该范围内，人群的感知能力不会受到影响。据此将室内空间区域划分为可见盲目区域、可见墙壁区域和安全出口区域 3 类，如图 4-21 所示。在盲目区域内，行人被设定为感知不到墙壁和安全出口，因此会采取随机移动的运动方式；在可见墙壁区域，行人能够感知墙壁上的疏散标志，即采取沿墙壁运动的方式；在安全出口区域，行人被设定为依次疏散出该区域。在不同的参数条件下运行该 CA 模型，可得到不同的人群宏观疏散行为，如图 4-22 所示[9]。

与前两个案例研究相比，此研究更加接近于发生火灾时人群疏散的真实情况，适合用来进行具体的案例研究，同时也证明了元胞自动机（CA）在模拟基于防火疏散的街区安全性方面的适用性。

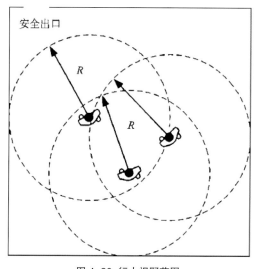

图 4-20　行人视野范围

来源：岳昊.基于元胞自动机的行人视线受影响的疏散流仿真研究 [J]. 物理学报 ,2010,59（7），450-456。

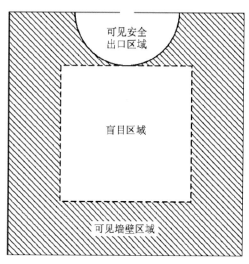

图 4-21　疏散空间区域划分

来源：同图 4-20。

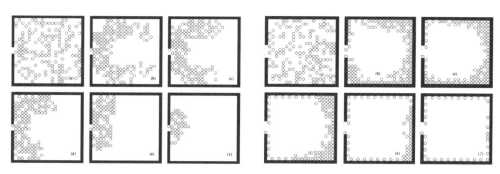

图 4-22　不同参数设置下的人群疏散模拟（组图）

来源：同图 4-20。

4.5 本章小结

本章以微观仿真技术中的元胞自动机（CA）为角度，从街区空间的复杂性入手，从影响因素、物质实体及认知主体这 3 个方面进行了论述，再结合元胞自动机（CA）模型的构成特点及其在模拟空间环境方面的优势，分析了元胞自动机（CA）在街区空间研究中的适用性。

另外，本章收集整理了相关的研究案例，在此基础之上归纳出"用地扩张"与"人群行为"两个 CA 研究因子，分别对应街区空间研究中的街区演变与街区安全疏散这两个领域。

最后本章对相关研究实例进行分类分析，分别从"街区演变"与"街区安全疏散"这两个方面，解释并分析了元胞自动机（CA）在街区空间研究中的应用原理、过程、步骤、方法、结论及应用等。

参考文献

[1] 房艳刚 . 城市地理空间系统的复杂性研究 [D]. 长春 : 东北师范大学 ,2006.

[2] 尚正永 . 城市空间形态演变的多尺度研究 [D]. 南京 : 南京师范大学 ,2011.

[3] 杨亮洁 . 基于图像信息特征的城市动力学研究 [D]. 武汉 : 中国地质大学 ,2005.

[4]MICHAEL B. Digital Breeder for Designing Cities[J]. Architectural Design,2009(4) : 46-50.

[5] 罗平 . 地理特征元胞自动机及城市土地利用演化研究 [D]. 武汉 : 武汉大学 ,2004.

[6] 张勇强 . 城市空间发展自组织研究——深圳为例 [D]. 南京 : 东南大学 , 2004.

[7] 王望 . 城市形态拓扑研究的另一视角——元胞自动机及多主体仿真模型 [J]. 建筑与文化 . 2007(5):84-85.

[8] 杨大伟 、黄薇 . 基于元胞自动机模型的城市历史文化街区的仿真 [J]. 西北工业大学学报 . 2009，29(1):79-82.

[9] 岳昊 . 基于元胞自动机的行人流仿真模型研究 [D]. 北京 : 北京交通大学 ,2008.

[10] 廖艳芬、马晓茜 . 基于元胞自动机的地铁火灾疏散动态分析 [J]. 系统仿真学报 . 2008(24):6607-6612.

[11] 诺亚·瑞弗德 . 破碎空间系统中的步行人流和社区形态 : 马萨诸塞州波士顿实例 [J]. 世界建筑 . 2005(11):82-86.

[12] 萨楚拉，基于 GIS 与地理元胞自动机模型的城市空间扩展模拟研究——以呼和浩特市为例 [D]. 呼和浩特 : 内蒙古师范大学 ,2007.

[13] 郑占 . 基于 CA 模型的城市用地扩张模拟研究 [D]. 武汉 : 华中农业大学 ,2010.

第 5 章 基于多主体仿真 (MAS) 的街区空间研究

天津奥体中心

5.1 元胞自动机（CA）的局限性

元胞自动机（CA）适用于随机自组织的复杂系统模拟，其结果常用于修正理论与解释现象，但对于具体问题的研究则缺乏一个合理而有效的框架，来解决与现实世界的对接问题。随着研究的进一步深入，其局限性也逐渐显露出来。

5.1.1 模型抽象性与结果真实性的矛盾

元胞自动机（CA）模型不可避免地要对研究对象进行抽象，去除掉一些不必要的部分，这个抽象过程会在不同程度上影响结果的真实性。一方面，元胞自动机（CA）能够从微观角度出发，通过制定局部规则来模拟复杂系统的动态演化；另一方面，街区系统作为一个复杂系统，其影响因素是复杂而多变的，并不是这些高度抽象的规则所能完全决定的[1]，具体表现为以下两点。

1）元胞自动机模型中的元胞行为仅受到邻近元胞的影响，而现实世界中的系统行为影响因素是多方面的。

2）现实系统中的个体行为常表现为某种倾向性和可能性，而元胞自动机模型的运行规则通常是简单而机械的，并且作用于系统局部，这与现实系统中的个体行为规律不符。

5.1.2 空间划分方式与真实世界的矛盾

元胞自动机（CA）模型中的空间被划分为二维平面网格，这种规则、简单的空间划分方式有利于我们将真实世界简化，但也限制了 CA 模拟在街区空间研究中的有效性，具体表现在以下 3 个方面。

1. 元胞形状与街区空间不完全相符

CA 模型中的元胞通常具有规则的几何形状，如三角形、正方形、六边形网格等，如图

5-1、图 5-2 所示，由这些元胞构成的二维平面网格不能完全代替复杂的街区空间。首先，街区空间具有复杂的物质实体，如住宅、河流等，简单的空间划分方式只能在一定程度上说明问题，但不能如实地描述现实世界。其次，采用将元胞无限缩小的方式固然能够无限趋近于自然的形态，但是这样会成倍地增加模型的运算量，对于现技术阶段来说，可实施性较差。

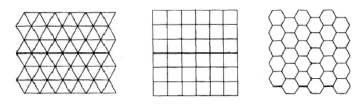

图 5-1 二维元胞自动机常用网格排列

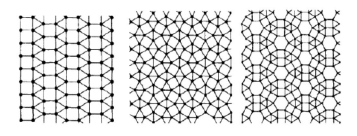

图 5-2 混合多边形元胞组成的元胞空间

2. 元胞的邻域概念与街区空间不完全相符

在 CA 模型中，元胞的模拟行为在很大程度上受制于其周围元胞的状态。通过定义元胞的邻域可以确定元胞受影响的范围及方式，从而进一步确定局部的空间关系。图 5-3 为元胞自动机的邻域定义及分级[2]。元胞自动机（CA）具有 4 种常见的邻域类型，如图 5-4 所示。这些邻域类型决定了元胞的行为。然而街区的空间关系具有复杂的影响因素，并非这 5 种类型能完全概括，因此，元胞自动机（CA）的邻域概念与街区空间不完全相符，在实际操作中二者存在矛盾。

3. 元胞的边界定义与街区空间不符

理论上，元胞空间在各方向上是可以无限延伸的，由于计算机建模的局限性，在建立元胞自动机（CA）模型时，需要定义元胞空间的边界，目前主要有固定型、绝热型、映射型和周期型 4 种不同的边界类型，如图 5-5 所示。无论哪一种边界形式，都只能对模型世界

中的算法产生影响，而不能从根
本上解决抽象二维平面模型的边
界问题，并且这4种已有边界形
式都与街区空间不符[2]。

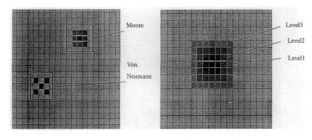

图5-3 元胞自动机的邻域及分级（组图）

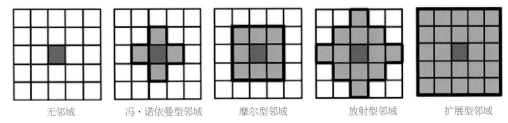

无邻域　　　冯·诺依曼型邻域　　　摩尔型邻域　　　放射型邻域　　　扩展型邻域

图5-4 元胞自动机的邻域类型（组图）

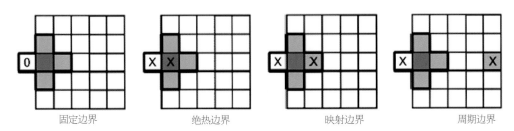

固定边界　　　　绝热边界　　　　映射边界　　　　周期边界

图5-5 元胞自动机的边界类型（组图）

5.1.3 转换规则的定义问题

在CA模型中，元胞的行为是由"元胞邻域"与"转换规则"二者共同决定的，但在面对
复杂的研究对象时，转换规则的定义具有较大的局限性。

1）元胞的均质性。CA模型是以属性来区分元胞种类的，具有同种属性的元胞是等价的，
其分布是均匀的，信息传递是畅通的，然而真实世界中的街区空间更多地呈现出一种非均质
状态。

2）影响因素的非整体性。在CA模型中，元胞行为仅来自自身属性和邻居元胞的影响，
未考虑宏观环境的影响，忽视了影响因素的整体性。

5.2　由元胞自动机（CA）到多主体仿真（MAS）

5.2.1　CA 与 MAS 的区别

多主体仿真（MAS）是在元胞自动机（CA）之后发展起来的一种系统微观仿真技术，与元胞自动机具有相似的建模原理，即采用动态的格栅形式来模拟系统内离散个体的动态演化。多主体仿真模型中的主体与环境之间具有复杂的相互作用，并由此规定了主体的行为，大大扩展了计算机模拟现实世界复杂环境的能力。CA 和 MAS 的关系如图 5-6 所示[3]。两者的主要区别在于以下 4 点。

图 5-6　CA 和 MAS 的关系

1）通常来说，CA 模型具有明确的空间结构，而 MAS 的模型空间则更加灵活，可能是不规则的。

2）CA 中的个体行为是一个间断的过程，下一个行为与上一个行为之间并无联系；而 MAS 中的主体决策可能受历史状态的影响。

3）CA 中的元胞一般没有复杂的推理、学习能力，而 MAS 中的主体可能具有认知能力，表现出高度的智能性。

4）在个体之间的关系方面，CA 的元胞状态主要受邻近元胞的影响，而 MAS 中具有更为灵活的主体作用，这些相互作用共同构成了模型的演变机制，在环境的约束条件下推动着系统的动态演化。

5.2.2　多主体仿真（MAS）的优势

总的来说，多主体仿真（MAS）是在元胞自动机（CA）的建模思路上发展而来的，二者同属于微观仿真技术，因此这两种建模方法在模型结构上具有类似特征。而多主体仿真（MAS）通过加入主体概念，可以模拟更为复杂、细致的现象，并且使模型具有更高的适应性，缩短了现实世界与模型世界的距离。

　　下面以聚会时人们的分离行为为例进行讨论。人们总是不自觉地聚集成小组，而每一组无论是人数还是男女比例都不尽相同；人们也并非一直待在一个小组，而是不停地离开一个小组，加入下一个小组。针对聚会时人们的分组行为，采用传统的还原分析方法无法进行深入研究，元胞自动机（CA）也难以进行建模，而多主体仿真（MAS）技术则为这类问题的研究提供了支持。如图5-7所示，该聚会模型从性别角度研究了聚会时人们的聚集与分离行为。在此模型中，人们被分为男女两种类型，以代表两种不同的属性，每一小组以容忍度来定义聚集与分离的规则。模拟结果显示了在该容忍度条件下，某一时刻聚会时每一小组的男女数量以及聚集与分离情况。在不同容忍度设置下多次运行模拟，得出即使容忍度较低的情况下，聚会时的男女分离行为依然存在。

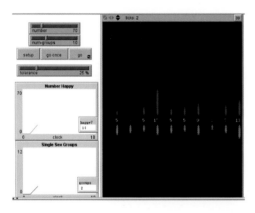 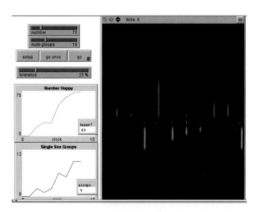

图 5-7　MAS 对人们聚会行为的模拟（组图）

与元胞自动机（CA）相比，多主体仿真（MAS）模型有以下重要创新。

1）研究对象被分离（主体与元胞），可用来模拟人群与街区空间的关系。

2）主体与元胞在本质上都是动态的，可以形成更为复杂的动态模拟。

3）主体与元胞演化时所使用的算法，可以直接来自街区空间的相关理论及思想。

4）MAS 模型更擅长于仿真结果的视觉展示，使仿真结果的解释变得更容易。

5.2.3　不同层面 MAS 的相关研究

相比于元胞自动机（CA）而言，多主体仿真（MAS）可以模拟更为复杂的现象，其在城市规划与建筑学领域的应用也呈现出多元化的趋势，不仅对街区空间演变领域进行了拓展，还开辟了新的研究领域，如街区防灾、空间设计等。其中，"街区演变"与"街区防灾"的相关研究属于宏观层面；而"人流运动"与"空间设计"的相关研究则属于微观层面。

1. 街区演变

在元胞自动机（CA）的基础之上，多主体仿真（MAS）模型加入了更多的影响因素来模拟街区演变，如土地活力、经济因素、土地发展政策等。M.Felsen 和 U. Wilensky 等人开发了一系列针对城市空间研究的 MAS 模型，其中的 Sprawl Effect（蔓延效应）模型从土地活力的角度研究了街区空间的演变过程等，Economic Disparity（经济差距）模型，从经济因素的角度研究了居住空间的分离与聚集行为。单玉红、朱欣焰等人建立了以城市居民、开发商、政府为主体的住区演变 MAS 模型，从市场机制与计划机制两个方面探讨了住区的演化[4]。Loibl 和 Toetzer 针对郊区系统多中心发展的现象，建立了相关 MAS 模型，模拟了在区域和地方多因素吸引(约束)下的郊区人口迁移及商业形成过程。林波等人选取了家庭、工业企业和商业企业 3 类主体，对街区演化的具体行为进行了模拟，体现了街区系统在主体与环境作用下的演变。

2. 街区防灾

多主体仿真（MAS）的出现使得复杂而多变的自然现象模拟成为可能，对于街区的防灾研究具有重大意义。例如 Nikolov 对 NetLogo 标准模型库的大峡谷模型进行了扩展，模拟了加入人工环境的雨水汇集过程，可以用来模拟街区空间的水文格局，可用于街区空间的防洪研究；他对 NetLogo 标准模型库的景观生长模型进行了扩展，模拟了台风过后的太平洋小岛的街区系统的自我修复过程，试图从生态景观系统的自适应修复来研究街区空间的灾后重建[5]。

3. 人流运动

通过建立步行行为主体，多主体仿真（MAS）能够模拟更为复杂的人流运动。例如，NetLogo 自带模型库里的人群运动模型模拟了人群在无障碍、有障碍、人工环境下的运动轨迹。伦敦大学学院（UCL）高级空间分析中心（Centre for Advanced Spatial Analysis，CASA）的马克·贝蒂（Michael Batty）通过建立相关人群步行行为模型，模拟了建筑物内部空间以及大规模人流情况下街区人群的步行行为，进而研究人群行为与空间几何形状的关系。

4.街区空间设计

多主体仿真（MAS）在街区空间设计领域的应用也取得了丰硕的成果，例如巴特利特研究生院的阿拉斯代尔·特纳（Alasdair Turner）通过建立相关 MAS 模型，模拟了基于视线的舞台座位空间排布，研究了局部几何空间的生成，探讨了几种"舞台"周围概念空间变形的算法与优化策略。南京大学建筑学院的刘慧杰、吉国华将 MAS 技术运用到基于日照标准的居住建筑自动排布中，很好地将 MAS 技术与现实设计问题进行了结合 [6]。Hartono 利用标准分离模型进行扩展，研究了基于功能组合的剧场空间生成设计，通过赋予各功能部分一定的行为能力，使其在一定约束条件下自我组合，生成了多种空间布局的可能性，再根据一定原则进行筛选，排除无意义的模拟结果，最后得出了 3 种功能组合的排布方式 [7]。此外，清华大学的黄蔚欣、徐卫国在建筑学课程设计中采用了多主体仿真（MAS）的思路，与参数化设计相结合进行设计，体现了 MAS 在生成设计中的应用及建筑设计教学的超前性，如图 5-8 所示。

综上所述，多主体仿真（MAS）在城市规划与建筑学领域的应用集中在"街区演变""街区防灾""人流运动""空间设计"这 4 个方面。

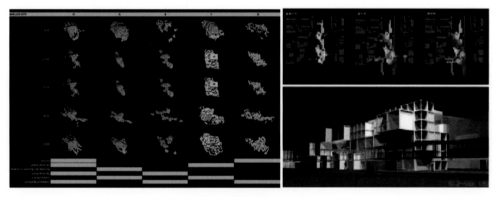

图 5-8　参数化设计示例

5.3　多主体仿真平台——Netlogo

NetLogo 是一种主流多主体仿真平台，适合对随时间演化的复杂系统进行建模，最早由 Uri Wilensky 在 1999 年开发，此后由美国西北大学连接学习与计算机建模中心（CCL）负责持续研究。由于其良好的可操作性与兼容性，在诸多领域被广泛采用。NetLogo 模型具有运行控制、仿真输出、实验管理等主要功能，此外，还形成了 NetLogo 标准模型库，其中收录的模型横跨了数学、计算机、社会等多个领域。每个标准模型具有开放的程序语言，研究者可以以此作为学习教材，或者作为后续研究的基础，通过扩展和改进进行更为复杂的系统仿真，从而大大减少技术难度与工作量，本书以下的一些分析实例就是来自模型库的经典模型。

5.3.1　模型框架

NetLogo 的模型世界由海龟（Turtle）、瓦片（Patches）和观察者（Observer）3 类智能主体构成，如图 5-9 所示。海龟通常被设定为模型中的智能主体，例如股票模型中的投资者；瓦片类似于元胞自动机模型中的元胞，其行为能够与海龟的行为同时进行；观察者通常用来发布指令，以此实现对海龟和瓦片行为的控制。包含三者行为规则的一个集合称为一个例程（Procedure），在模型运行时，该例程通常会反复执行，由此实现主体之间的交互作用，从而涌现出系统的宏观特征。

5.3.2　建模过程

基于 NetLogo 平台开发的模型虽然千差万别，但是可以抽象出基本相似的结构。从构成上看，NetLogo 模型包括可视化部件与例程两部分，二者具有紧密联系。可视化部件在"界面（interface）"页中实现，例程在"程

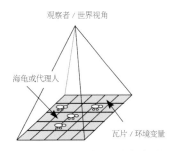

图 5-9　海龟 – 瓦片 – 观察者的结构

序（procedures）"中实现，在建模时二者需要保持一致。基本方法是先在界面页中创建可视
化控件，然后在例程页中实现相应的代码，通过设置控件的属性将二者联系起来[8]。

1）界面（interface）页中主要需要"运行控制""参数控制""仿真显示"3类部件。
运行控制包括初始化、运行、单步运行等按钮；参数控制包括各种参数输入控件，如滚动条、
选择器等；仿真显示部件包括监视器、图形输出模块、文本输出模块等。

2）程序（procedures）页中的例程分为两类：命令（command）例程和报告（reporter）
例程。命令例程是主体需要执行的一组指令，报告例程用于获取返回值，二者共同规定了主
体的行为。

建立 Netlogo 模型是一个交互式的迭代过程，没有必须遵循的固定步骤。但从逻辑清晰
角度出发，其可以分为几个基本步骤，即初始化、确定活动顺序、定义主体属性与行为、仿
真过程监视、图形输出、仿真参数控制等。图 5-10 是多主体仿真模型中的界面（interface）
页；图 5-11 是多主体仿真模型中的程序（procedures）页[8]。

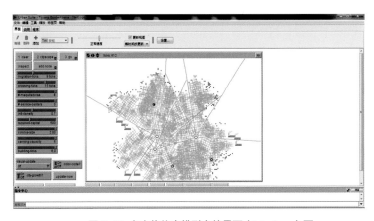

图 5-10 多主体仿真模型中的界面（interface）页

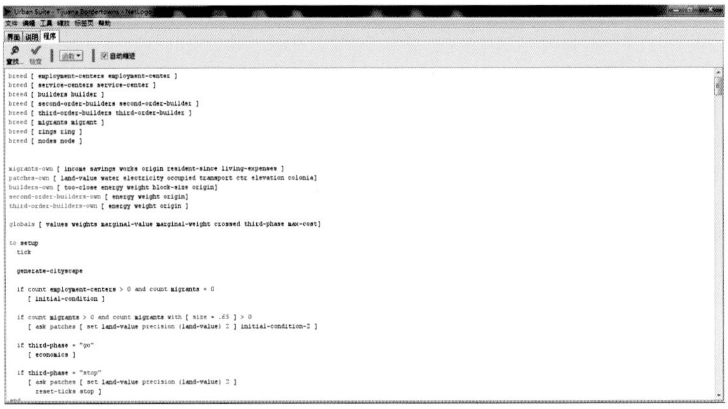

图 5-11 多主体仿真模型中的程序（procedures）页

5.4　街区空间的 MAS 研究因子

鉴于上述更智能、更灵活的特点，MAS 模型极大地拓展了微观仿真技术在街区空间中的应用。在相关研究的基础之上，研究人员归纳出了 4 个 MAS 研究因子，如图 5-12 所示。横向上，研究人员开拓了街区空间的"自然环境"与"布局设计"这两个研究因子，从这两个方面进行了相关模拟研究。纵向上，多主体仿真（MAS）对元胞自动机在研究方法与研究内容等方面均进行了拓展，形成了街区空间的"演变机制"与"人流运动"这两个 MAS 研究因子。

图 5-12　多主体仿真的研究因子

5.4.1　MAS 对 CA 研究因子的扩展

如前文所述，元胞自动机（CA）在街区空间研究领域的应用集中在"用地扩张"与"人群行为"这两个方面，而多主体仿真（MAS）将这两个研究因子进行了扩展，可以模拟更为复杂的现象及过程。

1. 街区空间与演变机制

从影响因素来看，街区空间的演变存在着两种类型的作用，即街区土地单元之间的相互作用以及环境对街区的作用，二者共同形成了街区空间的演变机制，并推动了街区空间的演变。前者是微观因素的作用，相互关系比较明确；后者是宏观因素的作用，其作用关系比较复杂。

与元胞自动机（CA）相比，多主体仿真（MAS）在街区演变方面的研究实现了重大的突破。元胞自动机（CA）模拟用地扩张只能反映土地单元之间的相互作用，而忽视了宏观因素的影响。多主体仿真（MAS）模型能够赋予一定数量的"主体"某一属性，通过定义"主体"的行为来模拟各种宏观因素对于街区空间演变的影响，如土地活力、经济因素、街区发展政策等。

2. 街区空间与人流运动

元胞自动机（CA）模拟人群运动的相关研究主要集中在人群的安全疏散方面，这类研究模拟的是人群由一个空间转移到另一个空间的过程，虽然涉及空间的几何形态，但在诸如路径选择等人群行为方面的模拟能力比较欠缺。

多主体仿真（MAS）对街区空间的人群行为模拟方面进行了拓展，在元胞自动机（CA）的基础之上加入了更加智能的"主体"，通过赋予主体一定的行为能力，来模拟街区空间中人群的步行行为，如研究不同行为规则下人群的随机运动轨迹、基于空间障碍物的人群运动轨迹、基于最短路径算法的两个目的地之间的人群运动等。

5.4.2 街区空间与自然环境

作为街区系统的"环境"，自然环境一方面为街区的发展提供了物质与空间支撑、物资与能量支持，是街区空间扩展的基础条件；另一方面，自然环境对街区规模和空间布局结构会产生直接的影响，规定或限定了街区发展的规模及形态，同时也形成了独特的街区景观特征。

相比于其他影响因素而言，自然环境对于街区空间的影响具有范围广、突发性强等特点，在很大程度上影响了街区空间的形态构成与发展演变。从自然环境对街区空间的影响来看，自然环境主要可以分为以下 4 类。

1. 地形地貌

不同的地形地貌对于街区空间形态具有直接作用，例如地势平坦时，街区空间多为规则的几何状，方向性较弱；而地势较为复杂时，街区空间多呈现为不规则状，或依山就势或呈线状发展，方向性较强。

2. 水资源

水资源对于街区空间具有重要影响，它不仅能够保证人类的生产生活需要，同时在很大程度上决定了街区的几何空间形态，如威尼斯、苏州的水上街巷都是典型的依靠水资源形成的特殊的街区空间环境。

3. 矿产资源

矿产资源对于街区空间的影响可以转化为城市产业类型对于街区空间形态的影响。矿产资源的分布与类型首先决定了城市的结构与类型，在此基础上发展起来的街区则继承了城市的这种特性，从而决定了街区的空间结构与发展，并且这种限定是随着矿产资源的改变而改变的。

4. 地质条件

地质条件对于街区空间的形态与扩张具有决定作用，街区的扩张应避开那些不适宜进行建设的地段区域，通常来说分两种情况：一是地质条件较差，不适宜进行建设的区域；二是地质灾害易发区域，从街区防灾的角度来考虑，其会形成特殊的街区空间几何形态，例如地震带上的街区通常具有独特的空间布局与结构。

综上所述，自然环境对于街区空间的影响是多方面的、复杂的和意义深远的，因此，我们可以通过选取自然环境作为研究对象，引入多主体仿真（MAS）的研究方法，构建相关模型，模拟一定约束条件下自然环境的演变，并分析这种演变与街区空间的关系，得出环境对于街区发展有利或有害的结论，进而采取各种措施来应对。这种研究具有超前性与前瞻性，适合于对未来发展进行预测及模拟。同时，这种方法可以与其他学科广泛结合，例如与气象学结合，模拟台风对于街区的破坏程度，从而做出有利于街区防灾的措施；与地质学结合，为新建街区的选址与布局提供具有说服力的可行性方案等；图 5-13 中的 MAS 模型模拟了海平面上升对大陆的重新划分，该模型可以用来预测局部的类似现象对于街区空间的影响。采用 MAS 模拟自然环境的可行性及合理性总结如下。

1）街区空间在自然环境影响下的主动与被动决策。在自然环境影响下，街区空间的发展存在主动与被动两种情况。一种是街区主动地改变局部自然环境，向有利于街区空间的方向发展，如在区位较好但地质条件不足的地段，可通过技术手段增强地基的承载能力，为街区的扩张创造条件。另一种是在无法改变自然环境的前提下，转而改造街区空间，将不利因素的影响降到最低。例如沿海地区的季节性台风对街区造成破坏，而这些自然因素是人为不可控制的，街区只能被动地在原有基础之上调整自身的空间结构，以适应新的变化。

2）自然环境的复杂性与多主体仿真（MAS）的智能性。自然环境是复杂而多变的，具有一定的随机性和动态性。自然环境中各组成部分相互作用、相互影响，整个系统一直处于一种动态平衡之中。传统的研究方法通常着眼于自然环境中某一个小的方面，对于宏观现象的模拟无能为力。而多主体模仿真（MAS）具有高度的智能性，能够模拟复杂的自然现象，如对雨水汇聚成河流的模拟。如图 5-14 所示，该多主体仿真（MAS）模型模拟了自然地形的高低起伏，在表面设置均匀分布的雨水，通过雨水的汇集趋势来表达地形。虽然实际情况可能会有其他影响因素，但是 MAS 模型对于宏观趋势的预测与模拟是较为准确的。

　　3）通过 MAS 将街区空间研究与其他学科结合。街区空间研究属于建筑学范畴的领域，但是随着各学科的发展，学科交叉越来越受到重视，在这些领域，可以找到一些新的研究视角与研究方法。MAS 模型为街区空间与其他学科之间搭起了一座桥梁，使得我们可以从其他学科的角度去研究建筑学领域的一些问题，如从生态学角度研究街区空间的生态平衡，从而保证街区生态环境能够在满足居民使用的前提下，得到最大限度的保护，并能可持续发展。

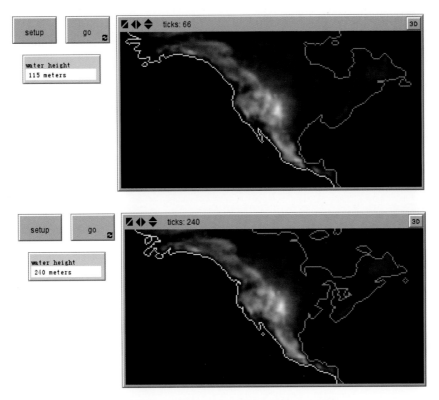

图5-13　MAS模型模拟了海平面上升对大陆的重新划分（组图）

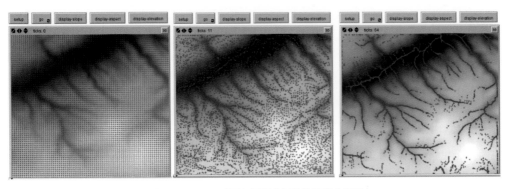

图5-14　MAS 对雨水汇聚成河流的模拟（组图）

5.4.3　街区空间与布局设计

街区空间的布局设计包含两种情况，一是建筑单体的位置排布，二是功能空间的组合排布。前者是将已有建筑单体按照一定原则进行排布，决定街区外部空间的几何形态，通常采用建筑指标来规定排布的方式，如容积率、建筑密度、日照标准等。后者是将各部分功能空间进行组合，反映各部分空间的功能联系及人对空间的使用。

1. 建筑单体的位置排布

在一定区域内，建筑的位置排布直接决定了街区的外部空间形态，同时，还影响了建筑物内部空间的物理特性，如声、光、热等物理性能，即建筑单体的位置排布决定了其声环境、光环境、热环境等物理环境的形成。因此，需要一个标准来确保建筑单体的物理环境是否适合人使用，其中最为典型的就是居住空间的日照标准，严格限制了住区的建筑单体形式及排布方式。传统的设计方法通常能够达到目的，但是需要耗费大量的时间及无效运算。

2. 功能空间的组合排布

任何街区空间都是基于一定使用功能的，通常来说，街区涵盖了居住、商业、文化娱乐等大量的使用功能，各功能部分以一定的比例组合在一起，并保持着动态的平衡。对于使用者来说，既有的空间功能布局限定了其在街区空间内的活动，其行为在一定程度上遵循了建筑师的设定，但实际情况往往并非如此，因为街区空间的功能布局往往具有复杂性与随机性，建筑师的主观判断不一定能把握住街区系统的特征。

综上所述，传统的设计方法无法更好地解决街区空间布局设计中遇到的问题，而这种方法上的缺陷会导致片面的观点、复杂的数据统计、繁复的工程量等一系列问题。在此，引入多主体仿真（MAS）的研究方法，来辅助街区空间的布局设计，探讨如何简化建筑单体排布的设计过程以及各功能部分组合的内在逻辑与最优形式。在 MAS 模型中，将各功能部分设定为模型主体，通过赋予其一定的行为能力，研究其在一定约束条件下的组合与排布，生成多种可能性，为建筑师的决策提供参考，同时还可以利用计算机技术强大的运算能力，避免大量的重复性工作，节省大量的时间以及资源。

在此将多主体仿真（MAS）技术对于街区空间设计的适用性与可行性总结如下。

（1）MAS 模型具有较强的智能性，可以赋予主体一定行为能力

MAS 模型与 CA 模型的最大区别在于，MAS 模型中加入了"主体"的概念，主体行为不再仅仅局限于邻近其他主体的影响，而是具有一定的自主性，因此，可以采用多主体仿真（MAS）技术，以建筑单体或各功能部分作为主体，通过制定其组合的相关原则，来控制

仿真结果的生成，为街区空间的建筑排布和功能布局提供设计参考。

（2）MAS 模型的仿真结果具有不确定性，可生成多种可能性以供参考

MAS 模型的主体行为是具有趋势性的，而不是针对某一结果的，在同样的演化规则下，可能生成不同的仿真结果。采用多主体仿真（MAS）技术进行街区空间布局的辅助设计，其出发点是为建筑师的决策提供多种可能性参考，因此如果只生成一个仿真结果的话，研究便失去了意义。

（3）MAS 模型主体的演化规则可与现实条件结合

多主体仿真（MAS）中主体之间的相互作用是灵活的，主体之间可能构成复杂网络，并且网络结构会发生动态变化，这就为我们提供了一个与现实接轨的条件。对于某个具体的设计问题，通常会有一些设计原则或规范的限定，建筑师在这些限定条件的基础之上进行设计，或者对设计方案进行筛选，而多主体仿真（MAS）技术刚好可以将这些限定条件转化为主体的行为规则。

5.5　街区空间的 MAS 模拟应用及评价

由于多主体仿真（MAS）在技术上实现了扩展，其仿真能力更强、应用范围更广，在街区空间研究中具有更大的优势；同时，其模型实现了与现实更好的对接，能更真实地反映现实世界。因此，多主体仿真（MAS）不再局限于对复杂系统的宏观现象进行描述与解释，而是能够深入某些具体的问题进行仿真研究，如模拟土地开发、经济因素、街区发展政策、市场机制等复杂因素对于街区空间发展的影响；模拟街区空间中基于最短路径的人群运动、大规模人流的交通管制等问题；模拟街区的防灾与灾后重建；模拟街区空间的布局设计生成等。

5.5.1　MAS 对 CA 应用的扩展

多主体仿真（MAS）对元胞自动机（CA）在街区空间研究中的应用进行了拓展，具体表现为"街区演变"与"人流运动"这两个方面。

1. 街区演变的 MAS 仿真

（1）基于土地活力值的演变模型

此模型展示了一个简单的街区扩张过程，其将土地设定为具有不同的活力值的网格，一个海龟到达一个未开发的用地进行建设活动，网格活力值逐渐上升，同时能吸引更多的海龟，但是当达到一定阶段后，该网格就会失去活力值（变为黑色），海龟就会转而寻找另外的用地。仿真结果如图 5-15 所示，呈现出了土地活力与街区扩张的关系。

该模型虽然不能模拟真实的城市发展细节，但是能够根据简单的规则"涌现"出街区的扩张现象和土地使用模式的变化。在进行模型拓展时，可以通过加入更多的限制条件或者主体属性，来进行更为具体的空间布局仿真，为街区空间的布局生成提供更多的可能。

（2）基于经济因素的演变模型

该模型致力于从经济角度来探讨住宅的土地使用模式变化。首先，模型规定了两种主体，按社会经济地位不同分为穷人与富人；然后，这两类主体根据自身属性来选择定居的位置。这两类主体的定居取决于 3 种不同的属性，即可感知的环境质量、生活成本、与服务设施（大红色点）的距离。最终的模型显示出基于经济地位差异的人群居住分离现象。

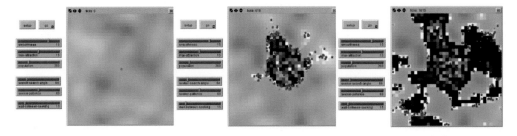

图 5-15　基于土地活力值的演变模型

仿真结果显示了街区中的贫富分化现象，服务设施偏向于集中在富人区，如图 5-16 所示。该模型从社会学角度对人群定居点的选择进行了仿真，这对于街区空间研究来说是一次突破学科界限的尝试，对街区空间研究的拓展具有重要意义。

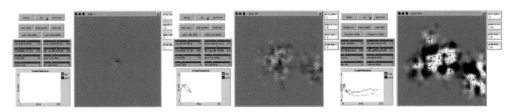

图 5-16　基于经济因素的演变模型

（3）基于政策与市场机制的演变模型

此案例在住区演变中加入了城市居民、住宅开发商、政府 3 种主体，研究了在这些主体作用下居住区的几种演变模式，探讨了住区演变中的政府政策与市场机制对于街区空间演变的影响以及二者之间的作用规律。如表 5-1 所示为各主体在该住区演变 MAS 模型中的属性与作用，这些属性与作用具体表现为现实中居民的居住偏好、开发商的开发策略、政府的宏观调控。根据土地、环境政策的不同，住区的演变分为紧凑型、松散型和适度型 3 种模式，如表 5-2 所示，每一种模式代表了不同的住区土地开发策略。此案例以武汉市洪山、武昌区为例，分别模拟了 3 种情景下该区域 1998 年至 2008 年的住区发展演变情况，如图 5-17 所示，并与实际情况进行了对比。

情景 1 的模拟结果显示，在该情况下，居住用地主要集中分布在区域中心，整个住区开发相对集中，住宅增量建设以旧城改造为主，新区开发为辅。情景 2 的模拟结果显示出了相对零散的住区开发以及低密度的蔓延扩张，住区演变主要呈现出向东南方向蔓延的趋势。情景 3 的模拟结果显示出了 3 条明显的住区扩张轴线，并且形成了两个较为集中的住区中心。相对于情景 1、2 来说，其住区的演变较为集中。

表 5-1　各主体在该住区演变 MAS 模型中的属性与作用

主体类型	作用顺序	行为性能指标	环境主体	执行器	传感器
城市市民	1	收入预算限制条件下的效用最大化	城市自然／社会经济资源位势场	选定满意的居住区位	存在一定的路径依赖特征
住宅开发商	2	住宅用地投资的利润最大化	住宅市场的供求状况；城市居民的选择情况	开发获利较大的区位	对于（潜在的市场需求）产生的吸引力的响应
双目标型城市政府	3	综合考虑地方财政收入和城市社会主体的福利	考虑城市区域住宅开发的综合效益	有效配置／供应土地资源	城市房地产开发增加财政收入／城市其他主体的福利增加

图 5-2　住区的演变模式

情景类型	土地利用政策和环境保护政策	含义	关联情景参数——容积率
紧凑型	严格控制的刚性管理模式及政策	优先保护耕地以及生态环境；对于城市的扩张实行甚为严格的空间管制；对于水域、农业用地、山体绿地等实行严格的保护	限制最低容积率
松散型	宽松的土地及环境管理政策	政府土地供给较为宽松，较为满足城市居民的区位选择和开发商的用地需求，不过于考虑生态样用地的保护问题	不限制最低容积率
适度型	弹性管理模式及政策	综合考虑经济发展、社会福利的增加和耕地保有量、环境保护的要求；辨识和避开不易建设的生态敏感用地，克服或减缓生态限制因子的消极影响，将可能发生的生态风险减缓到最低程度	容积率在一定范围内

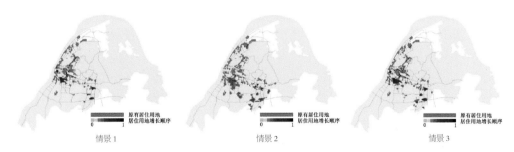

情景 1　　　　　　　　　情景 2　　　　　　　　　情景 3

图 5-17　武汉市洪山武昌区 1998—2008 的住区发展演变

　　将模拟结果与实际情况进行比较，得出情景 3 更符合实际的扩张情况，可以用来作为街区土地规划的依据，或者用来对街区空间演变理论进行验证。

2．人流运动的 MAS 仿真

（1）基于障碍物的人流运动模拟

该类模型研究了障碍物对于人流运动的影响，可以用来研究街区空间形态与空间使用情况的关系，并可作为检验设计是否合理的依据。该类模型设定了以下 4 种因素来规定人流运动行为：①凝聚力，即步行者向区域中心聚集的趋势；②分离，即步行者与某个空间位置或其他步行者保持一定距离的属性；③方向性，即步行者会趋同于周围个体前进的总趋势；④"视觉"，即步行主体所能感知的环境范围[5]。

以上 4 种因素被设定为可控制的模型变量，正是由于这些变量的存在，我们可以模拟出具有较高准确度的人流运动。正如贝蒂所说，"其在模拟人群在拥挤情况下的聚集与分离方式上具有广泛的适用性"。该类模型能够用来模拟障碍物对于人流运动的影响，如图 5-18 所示，进而能够模拟存在建筑物的街区环境中人流的运动规律，如图 5-19 所示。

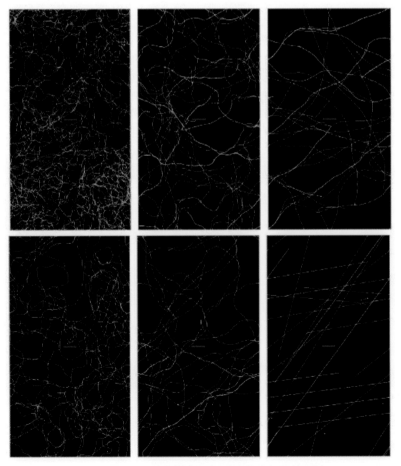

图 5-18 模拟障碍物对人流运动的影响（组图）

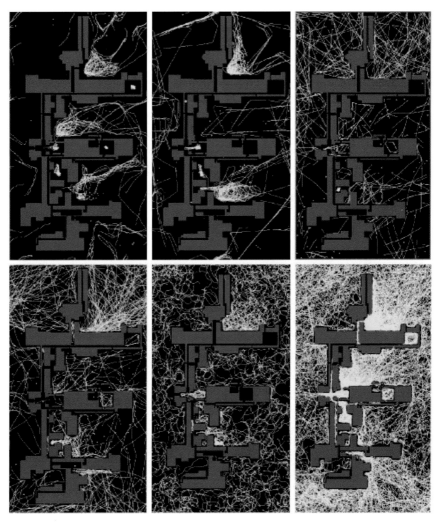

图 5-19　模拟存在建筑物的街区环境中人流的运动规律（组图）

（2）不同地点之间的人流运动模拟

通常来说，人流运动不仅受到障碍物的影响，还具有一定的目的性，因此两个地点之间的人流运动现象及其内在秩序成了研究的另一热点。著名的"蚂蚁觅食算法"被用来作为该类模拟研究的基础，其最早由麻省理工学院媒体实验室[8] 提出。该算法首先规定了蚂蚁的随机运动，当蚂蚁找到食物，就会改变行为并影响周围的其他蚂蚁，从而在巢穴与食物之间发生大量个体的运动行为，这种蚁群觅食行为与人群步行行为具有一定程度的相类似。"蚂蚁觅食算法"最早来自吉普森（Gibson）[9] 基于感知的生态学理论，其最初的目的是推翻传统的认识论。如今，由于奈塞（Neisser）[10] 的工作，将 Gibson 的理论具体化或者进一步分解为具有识别性与代表性的模型。

该类模型能够用来模拟两个地点之间的人群运动，如图 5-20 所示，并能与基于障碍物的人流运动模型结合，如图 5-21 所示，同时还能模拟有障碍物存在的情况下多个地点之间的人流运动，如图 5-22 所示；进一步，可以引入现实世界的街区环境，模拟不同地点之间的人流运动，得到空间几何特征与人流运动规律之间的联系，如图 5-23 所示。

（3）基于交通管制的大规模人流模拟

与商业街的消费人流不同，节日巡游时街区空间中的大规模人流并没有基于地点与货物偏好的选择性，从某种意义上来说，人群更简单，也更为集中，但同时也具有复杂性，因为行人和游客对于刺激的反应更难预测，它们共同构成了事件的复杂性，如节日巡游时街道的

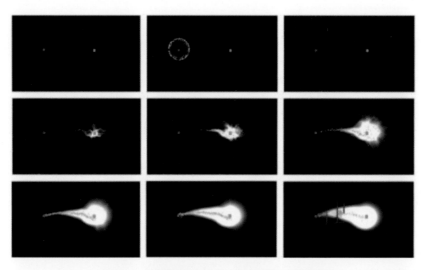

图 5-20 模型模拟两个地点之间的人群运动（组图）

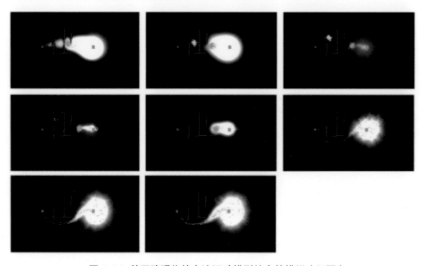

图 5-21 基于障碍物的人流运动模型结合的模拟（组图）

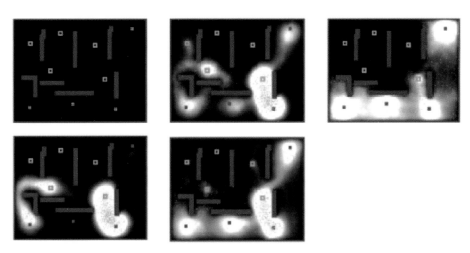

图 5-22　模拟有障碍物存在的情况下多个地点之间的人流运动（组图）

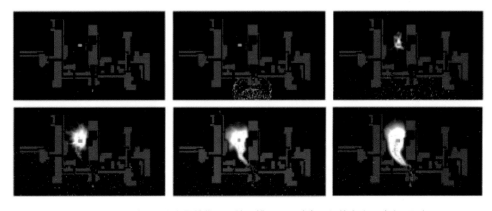

图 5-23　引入现实世界的街区环境，模拟不同地点之间的人流运动（组图）

大规模人流所带来的街区交通问题。

此研究通过模拟街区空间中大规模人流的聚集与运动，得出其运动规律以及街区人群的密度分布，在此基础上，加入交通管制措施，并重新运行模型，直到得出一个满意的结果为止。该模型体现了人群自组织行为的流动与阻塞，主要借鉴了赫布林（Helbing）的社会动力学模型，同时还有流体模型、排队理论、事件仿真等。从本质上讲，该模型的结果包含了街区中不同地点的相对可达性，这与空间句法的作用类似，但是具有更接近真实世界的事件仿真能力。

对于街区中大规模人流运动的研究，首先需要对区域人群密度进行统计。图 5-24 展示了一个区域人群密度统计的方法及过程。这种常规的方法虽然可能借助计算机技术节省一定的时间与人力，但是只能对宏观人群密度进行把握，对于人群运动所经过的路径却无法得知，从而不能得出人群的整体规律或趋势。而多主体仿真（MAS）对复杂系统仿真的特性以及其依托于计算机的强大计算能力，适合于用来模拟街区空间中的大规模人流运动。

在此研究中，人流的运动被定义为由人流产生点（地铁站）向目的地（音响系统）聚集的过程。整个过程总结如表 5-3 所示。

首先，将街区平面转化 MAS 模型的二维平面世界，如图 5-25 所示（街道为黑色、建

图 5-24　一个区域人群密度统计的方法及过程（组图）

表 5-3　大规模人流模拟的过程

第一阶段		第一阶段		第二阶段	
	标识出街区内所有音响系统（黄色），以及位于交通隔离区边缘的38个入口点（蓝色），2001年的游行路线（红色和绿色），2002年预测路线（红色）		以最短径路算法计算出综合可达性表面，与实际数据进行对比，作为入口点人群数量确定的依据		基于第一阶段的参数运行模型，人群在稳定状态时局部街区显示出了严重的拥堵
第三阶段		第三阶段		第三阶段	
	在第二阶段的基础上，关闭部分容易出现拥堵的街道，继续运行模型		在第三阶段中，加入了限制措施后，步行者处于稳定状态时的位置		加入了限制措施后的步行者密度预测，以红色图示表达（颜色越深的地方密度越大）

筑区域为灰色）。其次，将街区的人流产生点与目的地标识出来，如图 5-26 所示，其中游行路线是红色的，音响系统是黄色、地铁站是蓝色的。

其次，借鉴动物种群的集体觅食行为的原理，将人群运动设定为由目的地向人流出发点逆向运动，每个主体探索到出发点后自动返回，并描绘出路径，如图 5-27 所示（没有街道时音响系统的人群可达性），再结合街区空间的几何形态，加入街道与建筑区域的影响，然后评估所发生的拥挤，如图 5-28 所示（街道的可达性，红色越浅表示密度越大）。由此可得到该街区空间可达性的分布表面，再根据每个街道单元格的访问率，即可得到该细胞处经过步行者的数量。

图 5-25 将街区平面转化 MAS 模型的二维平面世界   图 5-26 将街区的人流产生点与目的地标识出来

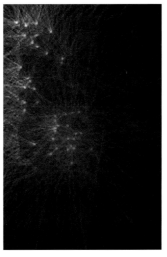 

图 5-27 没有街道时音响系统的人群可达性   图 5-28 街道的可达性，红色越浅表示密度越大

最后，引入人为控制的因素，通过在模型中采取一系列措施来限制人群的运动，以消除街道的拥堵现象。在模型运行时，通过加入路障、关闭某条街道、调整出发点人群数量等操作，来逐步调整参数，以增加街区空间的安全性。由于这些措施的影响不是能立即见效的，所以需要逐步加入规则，反复运行模型，直到一个令人满意的结果出现。由于该 CA 模型不能完全囊括所有的影响因素，因此想要确定一个完全正式的优化模型是不可能的。不过，这种通过引入控制因素的互动模拟方法是目前选择性路径评估的一个最为有效的方法。

5.5.2　街区空间的防灾

1. 受干扰的街区系统

自然环境是街区空间的一个重要影响因素，除了有利的一面，它们也存在不利的因素。这种不利因素通常为自然灾害，如海啸、地震、火山、滑坡、泥石流、森林火灾、洪水等。自然灾害对街区空间的影响是极具破坏性的，同时也是不可避免的，如图 5-29 所示为地震后的街区景象。此外，街区空间不仅受自然灾害的影响，街区中的人为因素也是街区防灾需要考虑的问题，例如人为引起的火灾、酸雨等，但由于它们不在本次研究所讨论的范围内，因此不予考虑[11]。①②④③

自然灾害具有广泛性、区域性、不可预测性等特点，归结起来主要表现为：①自然灾害分布范围广；②自然灾害具有频繁性和不确定性；③自然灾害具有一定的周期性和重复性；④自然灾害具有不可避免性和可减轻性。

街区系统作为城市的子系统，从属于整个城市，因此街区空间的防灾实际也是城市防灾的一部分。通常来说，城市防灾研究一般都关注城市的疏散空间设计，目的是为城市防灾提供必要的场地，如图 5-30 所示。开放公园空间可作为市民的避险场所，避险场所主要包括：

图 5-29　地震后的城市　　　　　　　　　　图 5-30　避险场所

发生地震或火灾时，作为避难地和避难通道的绿地、广场、道路等；设立的人防工事或平战结合的公共空间等。城市防灾研究将主要视角放在城市防灾的应急措施上，这是从人的安全性角度考虑的。

与城市防灾不同，街区空间的防灾研究不再局限于防灾疏散空间的设计，而是将视角进行放大，使研究问题更为具体化、多样化。我们可以从街区选址、改变街区空间形态、改造局部自然环境等角度来研究街区防灾；可以从研究自然系统的角度，通过多主体仿真（MAS）研究自然系统对街区空间的影响，从而使街区空间设计与防灾相结合，或者是采取措施减小局部自然系统对街区空间的不利影响[12]。

2. 街区防灾的 MAS 仿真

街区防灾的 MAS 仿真对象不仅包括自然灾害的减灾过程，还包括街区的灾后重建。

（1）自然灾害的 MAS 仿真

自然灾害来自街区的自然环境，包括地质灾害、水文灾害、气象灾害、海洋灾害、地震灾害等，这些自然灾害对于街区的破坏是巨大的。由于水资源是街区居民生活、生产必不可少的自然资源，通常来说，街区与水资源的结合较为紧密。因此，水文灾害成了街区防灾的一个重要方面。如图 5-31 所示，水文灾害对于街区的影响是巨大的。街区空间的水文灾害防灾可结合街区雨水系统、防洪系统、紧急排水系统等的设置，来减少自然环境突发的水文灾害[13]。

正如前文中所提到的 NetLogo 模型的扩展功能十分强大，通过对标准模型库中相关模型的扩展或修改，可以得到广泛的应用。此案例基于 NetLogo 模型库自带的水文格局模型进行的扩展，从 MAS 仿真的角度来探讨街区空间的水文灾害。

如图 5-32 所示，该多主体仿真模型模拟了雨水在真实地形上的流动，并且可以观察随机范围内的降雨对整个范围内的雨水汇集情况的影响，如图 5-33 所示。根据仿真结果可以得出该地区空间的大致水文格局，虽然模型较为简单，但是具有很好的适用性，能够为街区空间水文灾害的防治提供很好的参考。下一个研究模型的建模思路与之类似。

如图 5-34 所示，这是一个由 NetLogo 的大峡谷模型扩展而来的水文动态模型。其原理是水沿着最陡峭的路径往下流动，简单来说，雨滴从随机的位置落下（或者由模型操作者确定位置），然后顺着山势往下流，如果周围没有位置更低的瓦片，雨滴就停留在原地。随着模型的

图 5-31　水文灾害

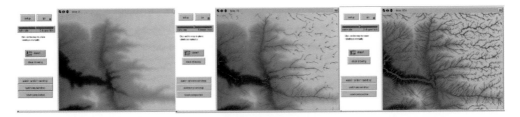

图 5-32　多主体仿真模型模拟降雨在真实地形上的流动

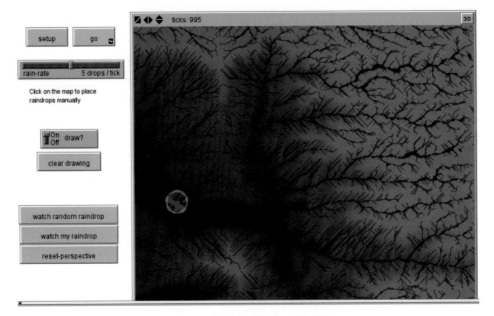

图 5-33　加入随机范围内降雨的因素

持续运行，雨滴汇聚成湖，直到溢出，再流向周围的区域。

　　图 5-34 所展现的是一个排水渠（橙色）中雨水（蓝色）的汇集情况，从中可以看出雨水的汇集流动趋势与排水渠的轨迹是吻合的。此模型表达的是地形地貌对于该地区雨水汇集情况的影响，虽然具有一定的抽象性，但是对于趋势的预测以及宏观现象的把握是足够的。另外，该模型中的雨滴是随机分布的，在实际应用中可以根据现实条件，设定雨滴下落的各种参数，以增强仿真模型的真实性。同时，还可以开发新规则，来控制雨滴落下后的运动路径，以及边界和基础设施。例如，雨水落到或者流到建筑和道路之上则自动消失（进入雨水系统），如果雨滴落下的位置在大坝中间，则汇集成湖，聚集到一定量后溢出。

　　将水文动态模型运用到街区空间防灾中，就需要加入街区空间的物质实体，如道路、建筑等。如图 5-35 所示，这个模型在前一模型中随机加入了道路、建筑、大坝 3 种影响因素，在同样的参数设置下运行模型，得到了与前一模型完全不同的仿真结果，并形成了人工环境

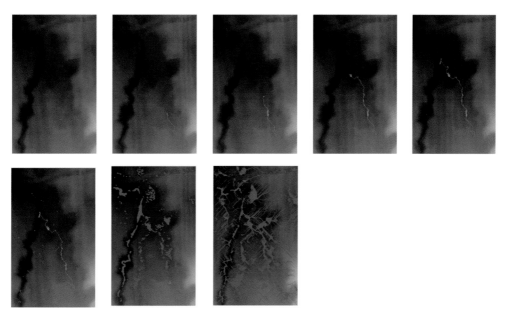

图 5-34　由标准 MAS 模型扩展而来的水文动态模型
来源：http://ccl.northwestern.edu/netlogo/models/GrandCanyon

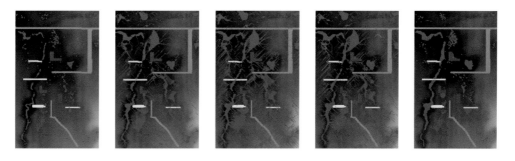

图 5-35　加入物质实体的水文动态模型（灰色的为道路；黄色为大坝；红色为建筑）
来源：NIKOLOV P. How Can NetLogo Be Used in the Landscape Architectural Design Process？Unitec New Zealand, 2007

与自然环境的互动。同时，该模型生成的并不是静态的终端结果，在模拟过程中，可以通过添加各种水源来探索不同的流动轨迹。此外，研究者可以通过加入或删除基础元素如房屋、道路及水坝，来调查它们对该地区水文格局造成的变化，从另一个侧面来探索适合当地水文条件的街区空间布局与形态，从而能够将街区空间防灾化被动为主动，改变传统的通过设置城市防灾疏散空间来应对自然灾害的方法。

同时，现有或拟建的基础设施和紧急排水系统之间的关系也可以通过这种动态模型进行研究。此外，水文动力学模型可扩展为模拟与水文相似的地理现象，如侵蚀和沉积等，对于

1）日照间距系数约束下的自动排布的情况如下。在进行多层住宅单体排布时，通常采用日照间距系数来约束住宅单体的平面布局。首先，结合规范中的相关规定，生成住宅的阴影区域，其中包括防火间距、卫生间距等其他规定，其范围在 4 个方向上以最大值为最终依据，并且阴影范围与单体平面在运动时保持一致。然后以单体平面和阴影区域互不叠加为原则定义住宅单体平面的运动，若单体平面和阴影区域存在叠加的状态，则选择运动。该过程会一直持续，直到所有的主体处于稳定状态（即静止状态）为止。其程序界面如图5-40所示，可根据实际情况设定不同的参数值，得到不同的仿真结果，如图 5-41 所示。

2）日照时间约束下的自动排布的情况如下。日照间距模型适合用来进行多层居住建筑的日照排布，在更大范围来看，日照累计时间更具普遍性。在此，将传统的累计日照时间算法整合到 MAS 模型中，通过 MAS 模型主体的运动，来实现建筑单体在日照时间约束下的自我排布。由于日照累计时间涉及纬度等区域因素，因此可以将相应的地理因素设置为可调节的日照参数，以便应用于不同地域的日照计算。以南京市为例，参照具体的日照数据及要求设置日照参数，程序界面如图 5-42 所示，在此参数条件下运行模型，生成两种符合条件的运算结果，如图 5-43 所示。

利用多主体仿真（MAS）技术进行日照约束条件下的建筑布局自生成研究是空间的生成设计研究方法在街区空间设计领域的应用，同时也是由传统建筑学研究方法向计算机模型转化的尝试，为诸多相关研究提供了新思路。

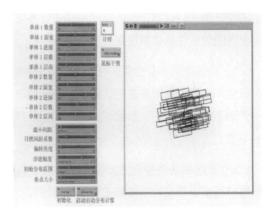

图 5-40 日照间距系数约束下模拟的程序界面

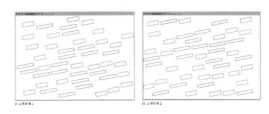

图 5-41 不同日照间距系数下模拟的仿真结果

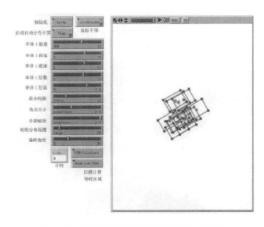

图 5-42 日照时间约束下模拟的程序界面

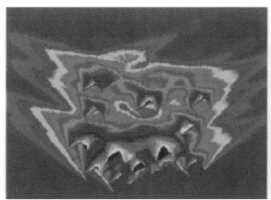

图 5-43　日照时间约束下模拟的仿真结果（组图）

（2）功能组合设计的 MAS 生成仿真

不同的功能组合方案将直接作用于街区空间认知主体（使用者），这种作用外在表现为使用者对于空间的某种偏好，而这种空间偏好就是使用者的空间需求，从这个角度，可以研究街区空间的功能组合是否符合使用者的需求。在此，运用多主体仿真（MAS）技术构建相关模型，以各功能空间作为主体，设置相关组合规则，可生成多种功能组合的可能性，再根据设定好的原则进行筛选，得到具有实际意义的仿真结果，从而起到辅助街区空间功能组合设计的作用。

该案例模型由一个 NetLogo 的分离模型发展而来，该标准模型模拟了两种不同属性海龟的聚集与分离行为，如图5-44 所示，两种不同的海龟属性分别对应了两种不同属性的空间，这种空间属性就是主体行为中隐含的空间关系。我们可以利用主体的这一属性，对街区空间的功能组合设计进行研究。

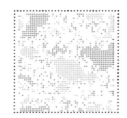

图 5-44　两种不同属性海龟的聚集与分离行为模拟（组图）

在这个模型中，主体的行为过程可转化为空间中各部分的自适应过程。基于此原理，我们可以将分离模型进行拓展，池塘被转化为城市空间平面，不同属性的海龟转化为不同属性的功能空间，通过设定每个功能空间对其他功能空间的"态度"（排斥与喜欢），可以形成一个街区空间功能组合的规则，在此规则下运行模型，可得到多种功能组合的可能性。

由于现实世界中的街区空间设计要受到基地、边界的严格限制，与 MAS 模型中的理想状态平面相差甚大，因此，首先需要引入一个现实世界的基地平面，将 MAS 模型置于实际的限制条件之中。例如选取欧洲某一街区，将基地平面的卫星图像转化为 NetLogo 中的二维平面世界，如图 5-45 所示。另外，为了实现模型的功能排布，需要一个空间组合设计的具体操作对象（在此为"剧场"）。

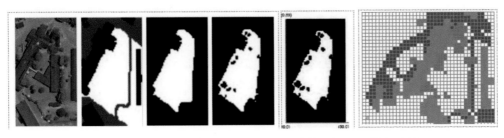

图 5-45 基地平面的卫星图像转化为 Netlogo 中的二维平面世界（组图）

其次，赋予"剧场"内部每一个功能空间一定的属性，即制定各空间主体的行为规则，使其在设定好的规则下随机、自由地组合，生成多种空间功能组合的可能性。该 MAS 模型运行时，每一个功能空间都会审视其自身在设定空间环境中的位置与状态，然后寻求自身的最佳状态。若所有功能空间都符合设定的规则，则系统处于稳定状态；但若有一个功能空间处于非稳定状态，则整个系统的平衡将被打破。因此，只要系统没有达到稳定状态，模型将一直运行下去。

最后，此项模拟生成了 20 个仿真结果，此时需要借助研究者的主观判断，排除掉那些明显不符合剧场建筑空间功能组合的仿真结果，筛选过程如图 5-46 所示。筛选的原则是通过建筑师的设计经验来判断各种空间配置的实际使用效果，从而得到了 3 种有效的功能组合设计的仿真结果。

鉴于生成式设计的特点，如果只有一个仿真结果，那么筛选就失去了意义，因此，模型需要进行多次运算，建筑师才能够进行主观评估，选取几个最优的空间布局模式。该 MAS 模型建立了一个开放的系统，各功能部分按照设定的规则自由组合，因此仿真结果会具有一定的随机性，并非所有的结果都是有效的。同时，由于模型是动态的，我们可以反复运行模型，直到得到想要的结果，有利于建筑师更好地理解功能空间的排布，以及对建筑空间格局进行对比分析。与传统的空间模型相比，MAS 模型占用时间更短，需要消耗的资源更少，是一种可行、有效的生成设计方法。

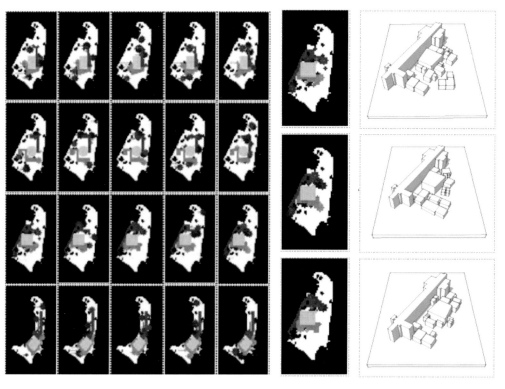

图 5-46 仿真筛选过程（组图）

5.6　本章小结

本章从微观仿真技术中的多主体仿真（MAS）出发，通过比较元胞自动机（CA）与多主体仿真（MAS）技术的关系，分析了 CA 在街区空间研究中的局限性、多主体仿真（MAS）的技术特点，并分析了 MAS 技术为街区空间研究可能带来的新视角与突破。

其次，本章在相关研究案例基础之上归纳出"演变机制""人流运动""自然环境""布局设计" 4 个 MAS 研究因子，其中"演变机制"与"人流运动"是对于元胞自动机（CA）研究因子的拓展；"自然环境"与"布局设计"是多主体仿真（MAS）技术开拓的新领域。这 4 个研究因子分别对应了街区空间的演变、人流运动、防灾、设计这 4 个领域。

本章还介绍了一种主流多主体仿真平台——NetLogo，从平台结构、界面、建模步骤等方面逐一进行了介绍。它具有很好的可操作性与可拓展性，它的出现大大降低了微观仿真的技术难度，使得更多领域的问题可以用该技术得到解决。

最后，以上述 4 个研究因子为角度，从街区空间的演变、人流运动、街区防灾、街区空间设计这 4 个方面对多主体仿真（MAS）在街区空间中的应用进行了分析说明，并结合案例做了进一步的阐述。

参考文献

[1] 黎夏，叶嘉安 . 地理模拟系统 : 元胞自动机与多智能体 [M]. 北京 : 科学出版社 , 2007.

[2] 周珍珍 . 基于混合元胞自动机方法的结构拓扑优化研究 [D]. 武汉 : 华中科技大学 ,2009.

[3] 王望 . 城市形态拓扑研究的另一视角——元胞自动机及多主体仿真模型 [J]. 建筑与文化 . 2007(5):84-85.

[4] 单玉红、朱欣焰 . 城市居住空间扩张的多主体模拟模型研究 [J]. 地理科学进展 . 2011(8):956-966.

[5]B POPOV，N NIKOLOV. How Can Netlogo Be Used in The Landscape Architectural Design Process ? [J]. Unitec New Zealand, 2007.

[6] 刘慧杰 , 吉国华 . 基于多主体模拟的日照约束下的居住建筑自动分布实验 [J]. 建筑学报 , 2009(z1):12-16.

[7]Gian F. J. Hartono. Script&Architecture；Alasdair Turner.Utilising Agent Based Models for simulating landscape dynamics

[8]RESNIK M. Turtles, Termites and Traffic Jams: Explorations in Massively Parallel Microworlds[M]. Cambridge: MIT Press,1994.

[9] GIBSON J J.The Ecological Approach to Visual Perception[M]. Boston, MA: Houghton Mifflin,1979.

[10]U NEISSER. Multiple Systems:A New Approach to Cognitive Theory[J]. European Journal of Cognitive Psychology, 1994(6): 225-241.

[11] 王薇 . 城市防灾空间规划研究及实践 [D]. 长沙 : 中南大学 , 2007.

[12] 金磊 . 规划师应具备城市防灾系统的理性观念 [J]. 北京规划建设 ,2000（5）:60-61.

[13] 许建和 . 对城市防灾若干问题的思考 [J]. 南方建筑 . 2004(6):82-83.

[14] 王伟娜 , 刘茂 . 社区减灾的重要性及其启示 [J]. 中国公共安全（综合版）,2005(6):50-53.

[15] M BATTY. Less is more, more is different: complexity, morphology, cities and emergence[J].Environment and Planning B: Planning and Design, 2000(27): 167.

[16] 变化多端的建筑生成设计法——针对表现未来建筑形态复杂性的一种设计方法 [意] 切莱斯蒂诺·索杜 文 刘临安 译

[17] 田浩 . 基于复杂适应性系统的建筑生成设计方法研究 [D]. 大连 : 大连理工大学 ,2011.

[18] 刘慧杰 , 吉国华 . 基于多主体模拟的日照约束下的居住建筑自动分布实验 [J]. 建筑学报 , 2009(S1):12-16.

第０章　天津城市街区的多主体仿真应用实践

天津民园体育场

　　本章在前文对天津城市街区空间系统梳理的基础上，应用多主体仿真平台 NetLogo 建立多主体仿真模型，在宏观层面，对民国时期天津商业中心的转移现象进行解释论证；在微观层面，对目前天津商业步行街的活力差异现象进行解释论证。

6.1　应用一：20 世纪初天津商业中心的转移

6.1.1　仿真对象解析

1. 民国早期的天津商业中心

　　自 1860 年开埠后很长一段时间内，天津老城厢北门外传统商业中心仍是天津商业最繁华的地区，由竹竿巷、估衣街和环城马路（主要是北马路、东马路）组成（图 6-1）。

　　北门里聚集着金店、当铺；北门外大街两旁的百货店、烟酒店、药店、饭馆鳞次栉比；竹竿巷、针市街内多是票号、钱庄以及各种批发商铺，进行国药、茶叶、棉纱、布匹、竹货等的交易；估衣街（图 6-2）、锅店街内多是各种零售商铺，如绸布店、皮货庄、估衣铺、眼镜店、南纸局等。

　　东门外天后宫前的宫南大街与宫北大街也是天津早期商业较为繁华的街道，长达 500 多米的街道分布有银号、钱庄以及经营土杂特产的商店等。当时经营银号的商人以东马路为界，称宫南大街和宫北大街为"东街"，他们的主要业务是买卖金银、公债、股票、外钞等，兼营少量存款、放款、汇兑业务。他们称针市街、竹竿巷、估衣街、北马路等为"西街"，主要经营存、放、汇生意。

　　北门外大街一带形成天津早期商业中心与当时的政治、交通、人口等情况有着

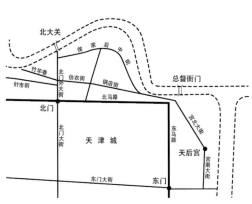

图 6-1　天津民国早期商业中心示意图

图 6-2 位于估衣街的全国重点文物保护单位——谦祥益绸缎庄旧址

密切的关系。北门外大街的南运河沿因明清时代设置常关，过往船只需要验关纳税，船只在此卸货装货，商业逐渐发展起来。宫南、宫北大街的繁华源于船员到岸后前往天后宫上香，产生了大量人流。

八国联军攻占天津后，成立的都统衙门将天津的城墙和炮台拆除，在原城墙址上改建出东、西、南、北 4 条马路。后来局势趋于稳定，交通便利的四条马路上立即吸引来了各方投资者，门面房被大量兴建，老城周围的商业渐渐兴盛起来。

2. 商业中心的转移

20 世纪二三十年代后，天津的英、法、日等国租界的商业日益发达，新商业中心逐渐崛起，逐渐取代了天津老城商业中心的地位。究其原因，以下几项与商业中心转移的现象息息相关。

（1）政治

首先，由于政治因素，华界商业受到战乱的干扰，迫使一些中国商人转移到更为稳定的租界区经营。1912 年，袁世凯发动"壬子兵变"，匪兵洗劫天津商业中心北门外大街、宫南大街，商人损失惨重。后来此处的商业在逐渐恢复的过程中，1920 年的直皖战争、1922 年和 1924 年的两次直奉战争再次将北大关与宫北大街一带的商铺搅入战乱，商人们对华界局势失去信心，因租界的稳定性，加之越来越多的政客、官僚、富商等聚集在租界中，传统商业开始逐步转移。河北大街、宫北大街等天津商业区的商店纷纷迁往日、法两租界，如北门里大街的恒利、物华楼等大金店迁至日本租界旭街，老九章、大纶等绸布呢绒店也由估衣街迁到日租界旭街，银钱号则几乎都搬到了法租界。

在这个商业中心转移的过程中，华界与租界毗连的地方——南市形成了一个纯消费的商业中心，集中了许多影院、剧场、书馆、妓院、饭馆、澡堂、旅馆，它在天津旧城南门外，是靠近日本租界的"三不管"地带。

1931 年"九·一八"事变后，天津出现了日本指使的"便衣队"袭击中国管辖地区的事件，商民惶惶不安，许多殷实的商铺缩小业务，纷纷把资金转移至新兴的法租界梨栈一带。

（2）人口

在商店往租界迁移的同时，也出现了城市人口向租界迁移的趋势，尤其是富有阶层、达官显宦纷纷迁入租界居住，带动了租界内商业的日益繁荣，吸引了各种商店南移。迁入租界者多是殷实的商家铺号，它们最初多设店于租界，字号较老的商店更是如此[1]。

（3）交通

电车在天津投入运营以后，新的商业中心的地利优势凸显出来，加速了这一地区商业价

1　来源于 1934 年出版的《天津市概要》。

值的飙升。天津老城中心向租界转移的过程中，商人们最初是进入租界内离老城商业中心最近的地方，如与老城仅一河之隔的奥租界以及马家口，后来商业中心就沿着电车路线在租界地区发展，于是，凡是电车经过的街道就率先繁华起来。比较典型的是黄、蓝牌电车经过的日租界旭街直至现在的劝业场一带，由于这条路位于开埠后天津城市的中心，加上日、法租界当局对商业投资的吸引，使这一带成为中国商号的主要聚集区。

6.1.2 仿真实现

1. 模型框架

经过前期的分析，可以看出政治、人口、交通均影响了天津的商业中心由老城厢向租界区转移这个宏观的经济过程，但由于多因素的影响较为复杂，下面以较为直观的交通因素作为研究对象，参考商圈理论，模拟人类选择商圈及购物的行为，通过观察不同交通状况下商圈消费人数的变化情况及商圈商业环境变化情况，结合历史资料，来分析城市商业空间在交通影响下转移的特征和规律。

（1）商圈与购物行为

商圈（也称商势圈）是用来表示企业吸引顾客范围的概念，某店能吸引多远距离的顾客来店购物，就将这一顾客到商店的距离范围称为该店商圈[1]。零售商圈具有比较明显的层次性特征。大中企业的商圈按照顾客光顾率一般可分为 3 个层次：首先，涵盖面积内拥有较高密度顾客群的被称为主要商圈（或基本商圈），区域内 50% 左右的消费者会来本店购物；位置在主要商圈外围，顾客光顾率仅次于主要商圈的被称为次要商圈，一般这一区域有15%~20% 的消费者会来本店购物；位于次要商圈之外围，顾客光顾虑更低的被称为边际商圈，属于企业的辐射商圈，一般企业的顾客有 10% 左右来自边际商圈[2]。

将商户作为主体来看，商圈的概念实际体现的是场所的商业环境或者商业氛围，商业环境越优越的地方，顾客购买的可能性越大，而顾客的购买行为又提升了这个场所的商业环境，如此相互影响。那么，如果扩大范围，将聚集的商业区作为一个场所，在竞争的环境中，商业区也将呈现出一定的商势差距，商业环境由核心商圈向边缘商圈逐渐减弱。

（2）商圈与交通成本

美国学者雷利（W.J.Reilly）通过对 150 个城市商圈的调查分析，于 1929 年提出雷利法则（又称零售引力法则）来描述商圈：$A = S/T$，（A 是购物中心对消费者的吸引力；S 是商店的对于某类商品的总销售面积；T 是顾客到商店的距离）。该法则指出，假设两个商圈在

群运输成为可能，极大地促进了两区域间人与资本的流动。因此，在模型的环境中交通要素用 20 世纪 20 年代时运行的主要电车线路表示。

　　参考 1917 年的历史地图，选择跟研究目的相关的地理数据，建立模型的环境。根据图纸比例换算，模型环境中一个瓦片的尺寸大约相当于 5 929 m^2（77 m × 77 m）。环境初始状态表现出民国初期华界与租界的地理位置分布，蓝色代表以老城厢为主体的华界，青色代表以日、法租界为主体的部分租界区，贯穿其中的黄色瓦片代表 1920 年前已通车的白牌、红牌、黄牌、蓝牌、绿牌电车线路。为模型中组成环境的每个瓦片设置属性以达到数据交互的目的，属性包括 "land-owner" "commerce" "traffic-situation" "effective-area" "traffic-area" 几项。图 6-6 是华界与租界位置示意，图 6-7 是电车线路位置示意。

图 6-6　华界与租界位置示意图　　　　　　　　图 6-7　电车线路位置示意图

　　（2）商业环境

　　商业环境作为衡量模型中区域商业状态的重要指标，以瓦片属性 "commerce" 表示，将新旧两商业中心的商业环境抽象为同心圆发散状，商业环境分别由两中心最突出的 "北门外街区" "天后宫街区" 及 "日租界旭街" "法租界梨栈街区" 4 个区域逐渐向外减弱。

　　（3）特定区位

　　瓦片的属性中，某些用于表示特定条件的区位，其中包括 "land-owner" "traffic-situation" "effective-area" "traffic-area"。在地理区位上以 "land-owner" 属性区分华界与租界，便于后期分析两部分地域初始主体数量差异对结果产生的影响；在交通区位上以 "traffic-situation" 表示该瓦片与电车线路的相对距离，数值越小，瓦片离电车的距离越近；"effective-area" 用以表示较为有效的消费区域，是消费者对比两个商圈商业环境时考虑的范围和选择就近商圈消费时实际到达的区域；"traffic-area"则模拟实际中电车送达的区域，用以表示消费者选择乘电车后实际到达的区域。图 6-8 是商业环境突出点示意，图 6-9 是模型商业环境分布示意。

图 6-8　商业环境突出点示意

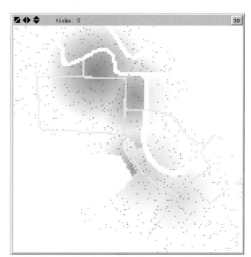

图 6-9　模型商业环境分布示意

6.1.3　结果分析

1. 模型说明

（1）主体数量设置

在模型主体数量设置中，假设主体随机分布于两个区域，没有规定某一区域的主体只能在本区域活动，且每次选择行为均以主体选择时刻的位置作为参考，因此两个区域的主体数量并不代表其区域的固定人口数量，模型表现出的状态实际是一个连续不间断的选择、消费行为。而设置有数量差异的主体初始分布，目的在于观察在不同情况下，主体数量在两区域变化的规律，从而得出某个研究变量如何影响商业环境和人数的互动变化机制及其影响程度。

（2）商业环境值设置

商业环境值作为地区商业经营状态的综合考量，通过主体消费过程的资金投入获得增值。在模型中考虑两种情况，一种是与历史阶段现状对应的租界商业中心环境值略高于华界商业中心环境值的情况，另一种是两区域商业中心环境值相同的情况。观察两种情况下各变量对商业环境及商圈人数的影响。

（3）选择时间段（time-limit）值设置

当允许消费者重新选择时（"re-choose?"开关打开），消费者消费规定时间段（time-limit）后根据所处位置进行再次选择，由于设定模型中主体行为是一个连续不间断的消费行为，因此消费者再次选择时又相当于回到一个随机分布的状态，所以选择时间段代表的实际是商业街区间人群交流的频率。

2. 变量分析

（1）在两区域初始人数相同且初始商业环境最高值均衡的情况下，观察商业中心的地理区位特点及商业环境初始值对人群分布及商业环境值的影响

设定华界租界两区人数相同，商圈中心商业环境值相同，re-choose 开关闭合（仅初次进行选择）。在不考虑电车交通的模拟（图 6-10）中，主体比较自己与两商圈中核心区域的距离，选择较近的那个，由图可看出初始选择后两区主体数量仍然保持基本相同，说明华界商圈和租界商圈在各自区域中所处的位置比较均衡，各自辐射范围比较独立，商圈服务范围之间重叠侵占的现象较少。使用 NetLogo 内置的海龟命令"pen-down"来观察不考虑交通情况时主体第一步选择的运动轨迹（图 6-11），显示结果也证明了两商圈这种地理区位的特点。

在考虑电车交通的模拟（图 6-12）中，初始时刻两区域人数出现较大的差距，这说明交通影响了消费者的选择，华界商圈吸引到较多的消费者，根据其选择规则，分析造成这种

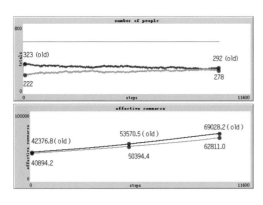

图 6-10　无交通影响时的模拟结果

num 1 = num 2

commerce1 = commerce3

commerce2 = commerce4

re-choose?　Off

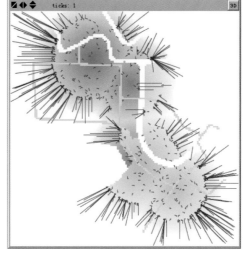

图 6-11　不受交通影响时的主体选择行为示意

情况的原因是华界商圈的有效商业环境高于租界商圈，所以租界商圈内处于交通便利区位的消费者便选择进入华界商圈消费，由主体第一步选择的运动轨迹可看出考虑交通的情况对主体选择的影响（图 6-13）。由于两个商圈的中心商业环境值设置相同，造成华界有效商业环境高于租界的情况是因为商业分布区域形态有所差别，例如租界的旭街所处区位狭长，以同心圆来设置商业环境分布值时部分有效商业环境处于分析地域范围之外。观察人数曲线变化，在华界吸引到较多主体的初始情况下，随着主体消费行为的进行，两区域的人流趋于平均，说明两区域在空间上并不是完全隔离的，老城区东南角及日租界、老城区东门的金汤桥促进了两区域的联系和交流。

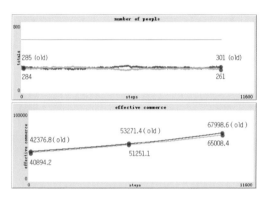

图 6-12 考虑交通影响时的模拟结果

num 1 = num 2

commerce1 = commerce3

commerce2 = commerce4

re-choose? Off

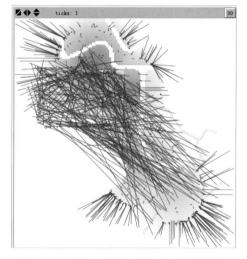

图 6-13 考虑交通影响时的主体选择行为示意

对两种情况模拟结果的分析显示出新旧商业中心的地理区位特点：一是较为独立，二是有所联系（图 6-14）。前一特点说明每个商圈拥有较为固定的周边客源，而后一特点说明消费者在华界和租界间可以选择。在交通还未发展起来的情况下，提升商业的主要途径是争取到尽量多的周边客源。从租界区商业发展的时间顺序来看，天津老城商业中心向租界转移最初便是从租界离老城商业中心最近的地方开始的，如与老城仅一河之隔的奥租界以及马家口。其实，日租界划定之初便考虑到了地理区位的商贸便利性，最初将范围确定在海河西岸天津城南闸口至法租界之间的马家口地段（今锦州道一带），西南到土围墙边。这一带沿河的街道已经建成，连接了英租界的大道，是天津老城区与各国租界之间往来的必经之路[4]。争取到与老城及已建成租界方便联系的地理区位，实际相当于争取到促进街区繁荣发展的消费人群。

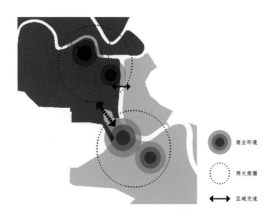

图 6-14 新旧商业中心区位特点示意图

（2）在两区域初始人数相同且初始商业环境最高值均衡的情况下，观察商圈间人群交流频率对人群分布及商业环境值的影响

设定华界租界两区人数相同，商圈中心商业环境值相同，re-choose = 1000（每一千步重新选择一次）。

在不考虑交通影响的模拟（图 6-15）中，因为主体在每次选择后均趋于分散布局，与初始布局类似，因此两个商圈服务范围内的主体数量比较均衡，就近选择的规则不会造成较大的商圈人数差距。说明对于服务范围较为独立的商圈，在没有交通的影响下，其较为稳定的周边消费人口使商业环境处于一个相对稳定的变化状态。

在考虑交通影响的模拟（图 6-16）中，便利的交通使得商圈的地理区位优势变得不明显，而初始有效商业环境的优势凸显出来，对比有效商业环境值的增长图与商圈人数变化图可以看出，有效商业环境初始值占优势的商圈在每一轮次的选择中均吸引到较多的主体，但在下一次选择前，随着消费行为进行，两商圈人数差距又变小。取每个选择周期中段的人数值作参考，可见有效商业环境初始值较高的商圈人数变化的趋势是在浮动中增长，将发展阶段分为前后两段来看，其商业环境的增长率也明显提高。相对的，有效商业环境初始值较低的商圈人数逐渐减少，商业环境增长率降低。

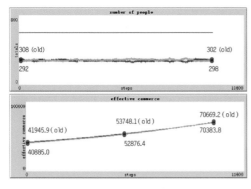

图 6-15 无交通影响时的模拟结果

num 1 = num 2，commerce1 = commerce3

commerce2 = commerce4

re-choose? on

time-limit = 1000

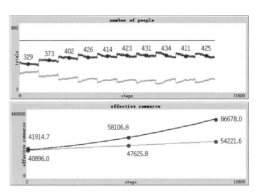

图 6-16 考虑交通影响时的模拟结果

num1=num2，commerce1=commerce3

commerce2 = commerce4

re-choose? on

time-limit = 1000

对比模拟（1）和模拟（2）的结果，可以看出交通通过影响消费者的"选择商圈"行为，极大地促进了华界与租界两区域间人口的流动。模型中的交通情况对电车线路进行了抽象，实际上在 20 世纪初的天津，便利的电车确实起到运输大量人口的作用，这从 1909 年到 1940 年 30 多年间天津电车乘客数量的统计情况（表 6-1）可见一斑。

表 6-1 天津电车乘客数量统计表

年份	总乘客数 / 万人	平均日乘客数 / 万人	年人均乘车次数
1909	675.7	1.85	11
1912	2 091.9	5.73	32
1919	4 050.0	11.09	54
1940	8 183.7	22.42	54

（3）在两区域初始人数不同且初始商业环境最高值有差距的情况下，观察有效商圈范围值对人群选择及商业环境值的影响

设定人数华界大于租界，商业环境华界小于租界，re-choose = 1 000，effective-area 划定范围不同（商圈分界值 divide-c < divide-d，主体在选择移动时参考的有效商业环境平均值不同，移动到的区域范围大小不同）。

对比设定有效商圈范围大小不同的两次模拟（图 6-17，图 6-18)，主体数量变化曲线及有效商业环境变化曲线在趋势上均基本一致，但在变化程度及速度上显示出差别。从人数

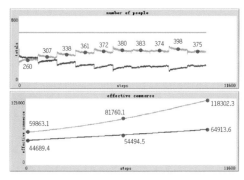

图 6-17　有效商圈范围较大 （>divide-c）时的模拟结果

num 1 > num 2，commerce1 < commerce3 ,commerce2 < commerce4

commerce1 = commerce4

re-choose? on

time-limit = 1000

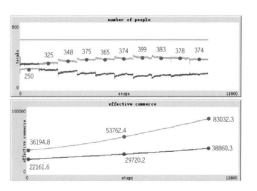

图 6-18　有效商圈范围较小 （>divide-d）时的模拟结果

num 1 > num 2，commerce1 < commerce3 commerce2 < commerce4

commerce1 = commerce4

re-choose? on

time-limit = 1000

变化曲线可以注意到，每次选择后主体数量均出现突变，观察每个选择时间段，两种情况下曲线的曲率有明显的差别。分析"选择商圈"行为后主体数突变值的构成，以人数呈增长趋势的商圈为例，其选择时刻增长的人数值由两部分组成，一部分是处于另一商圈交通便利区位并选择到本商区消费的主体，另一部分是处于交通不利区位但距离本商圈较近的主体（图6-19）。

设定有效商圈范围较大时，每一次"选择商圈"行为后，两区人数趋于平均的趋势就越明显，这是因为主体移动到选择的商圈进行"消费"行为时，有效商圈范围越大，两区之间的距离越短，主体在两区之间交流的机会就越大。在实际情况中，两商圈中心距离越远，交通不方便的消费人群在两商圈间活动的概率就越小，也相对说明商圈之间距离越远，通过交通吸引到的人群占总吸引人群的比例越高。

如果说日租界商业的发展得利于离老城较近的地理区位，那么法租界——梨栈区商业的崛起中，交通的作用更为显著。梨栈一带由于地处电车枢纽之地，黄、蓝、绿3条电车线路在这里交会，顾客来往购物非常方便，消费人群不限于其周边的租界，不少知名商家也看中其交通优势，竞相在此立足。

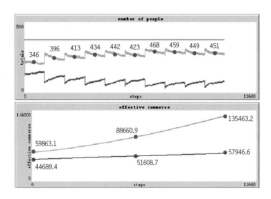

图6-19　设定交通便利区位较大 traffic-situation < a
（ a=10 ）时的模拟结果

num 1 > num 2，commerce1 < commerce3 ,commerce2 < commerce4

commerce1 = commerce4

re-choose? on

time-limit = 1000

（4）在两区域初始人数不同且初始商业环境最高值有差距的情况下，观察交通便利度对人群选择及商业环境值的影响

设定人数华界大于租界，商业环境华界小于租界，re-choose = 1000，交通便利区位的设定范围不同，选择商圈时可选择交通出行的主体分布范围不同 。

此处交通便利区位指的是主体选择商圈时所处位置与电车线路的距离，模型中以 a 表示，分别模拟便利区位 a=5(图6-17) 与 a=10 （图6-20）的情况。两种情况下的人数变化区别较为明显，设定的交通便利区位范围越大，进行"选择商圈"行为时人数变化幅度越大（图6-21），商业环境占优势的商圈迅速占有了大批的主体，局势形成后，主体人数变化速度变缓，但仍保持优势地位。对比两种情况下相同时间点的两商圈有效商业环境值，可见交通便利区位较大的情况下，两商圈商业环境的差距较大、总值较高，说明发达的交通促进

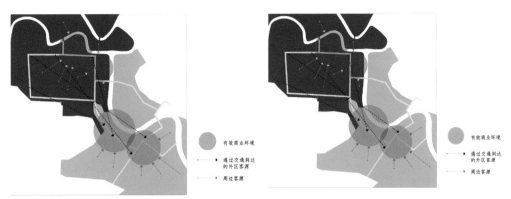

图 6-20 主体选择商圈示意图　　　　图 6-21 交通便利区位对主体选择影响示意图

了商圈商业环境间差距的形成。

　　除了主体与交通的相对位置条件之外，主体选择乘坐交通工具的可能性也可以反映交通的便利程度。如果给处于交通便利区位的主体的选择加一个可能性 $x\%$，表示主体在选择商圈时，只有 50% 的可能性（$x=50$）选择使用交通工具去优势商圈购物，以 traffic-situation < a（$a=5$）的条件模拟其情况（图 6-22），对比绝对选择情况（$x=100$）（图 6-17），主体数量所达的稳定值略有降低，两区商业环境值的差距也没有绝对选择时显著。

　　而设定 traffic-situation < a（$a=10$），主体对交通的选择率为 50%（$x=50$）时得出的结果（图 6-33）与 traffic-situation < a（$a=5$），主体对交通选择率为 100%（$x=100$）

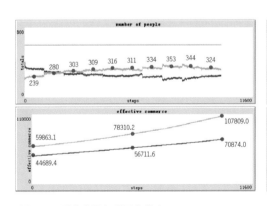

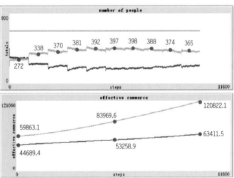

图 6-22　设定交通便利区位较小 traffic-situation < a（$a=5$），选择率 $x\%$（$x=50$）时的模拟结果
num 1 > num 2，commerce1 < commerce3 commerce2 < commerce4，commerce1 = commerce4，re-choose? on
time-limit = 1000

图 6-23　设定交通便利区位较大 traffic-situation < a（$a=10$），选择率 $x\%$（$x=50$）时的模拟结果
num 1 > num 2，commerce1 < commerce3 commerce2 < commerce4，commerce1 = commerce4，re-choose? on，time-limit = 1000

时的结果（图6-17）更加接近，说明"主体的选择性较低"与"交通便利区位较小"造成的结果是相当的，均影响了商圈之间主体转移过程的速度与数量。

在现实世界中，交通的便利程度对消费人群选择商圈的影响也是巨大的，交通的便利带来更多的人群，而人群的消费增强了商圈的商业环境，反过来较高的商业环境又会吸引更多的人群。人群的选择转移得越快，两商圈商业环境拉开差距的趋势就越迅猛。在这个层面上，可以说便利的交通使得商圈的商业环境吸引力相对增强了，进一步稳固了优势商圈的有利地位。

在租界商业崛起的阶段，如从华界迁入租界的许多商家铺号最初多是在租界设分店，随着租界分店营业兴旺起来并超过老城的总店，商家便开始把总店变为分店，甚至全部迁入租界。后来和平路与滨江道交叉处的大十字路口的繁荣更是印证了这一点，浙江兴业银行、交通旅馆、惠中饭店、劝业商场，4座建筑矗立在"梨栈"大十字路口，它们的建成标志着这里已经成为天津新的商业中心。

在"梨栈"大十字路口形成前后，附近不断出现高大或著名的建筑，劝业场一带集中了天津最时髦的建筑，吸引了天津的商业、服务业、娱乐业都到此聚集，使这里越来越繁华。

6.1.4 小结

1. 电车交通在天津商业中心转移中的推动作用

1）首先，租界新商业中心的发展与其地理区位密切相关，在电车尚不发达的情况下，新商圈与既有商圈的距离极大地影响了其发展速度，日租界与奥租界因空间位置与老城较为靠近，为吸引较多消费人群奠定了基础。

2）而后，电车交通的出现缩短了人们与各地理区位间的相对距离，人口在华界与租界两区域间的交流更为频繁，在这种情况下，人们选择消费地点时就产生了对商业中心所能提供的商品、商业氛围与其地理位置的衡量。商圈之间距离越远，其商圈服务范围相互干涉越小，吸引到的消费者就越独立，这时商圈最初的地理优势在交通影响下就减弱了，商业环境的升值更加凸显出交通吸引人群的重要性，如法租界梨栈区域距离老商业中心距离较远，只依靠自身区域内的消费人群是无法达到如此迅速的发展的，交通带来的老商业中心消费者为其区域商业环境的提升起了决定性作用。

3）最后，交通的便利程度影响了人群衡量商业环境及商业可达性的结果。交通便利度越高，倾向于选择商业环境较优而不是较近的商圈购物的人群数量占总人数的比例越高，在此基础上，占优势的商圈发展速度越快，其优势地位就越稳固。如劝业场一带在法租界梨栈区域商业开始繁荣的基础上进行的大批次建设，使其迅速发展成为天津的新商业中心。

随着新商业中心地位逐渐稳固，因经过商业中心线路的蓝、黄牌电车线路太过拥挤，1927 年加开花牌电车，线路由东北角途径法租界梨栈大街、天增里至海大道，同年紫牌电车也通车，线路由东北角经东南角、日租界旭街、法租界劝业场至海大道。由新电车的开通可见交通的便利度因人群需要在不断提高。

2. 其他说明

1）模拟系统得以实现的前提是街区系统的开放性，老城厢及租界的空间开放性使得人群、资本得以在两个商业圈子系统间进行交流。

2）租界区电车终点在火车站区域，与外部的联系更为密切，特别是 1902 年重建的火车站在民国时期几乎成为上层华人往来京津的专用车站。外部涌入的大量人群必定会进一步提升租界区的商业环境。

3）两商圈对消费人群的吸引并非平行关系，老商业中心吸引的多是华人，新商业中心吸引的人群包括华人、洋人，因此可以说电车由老商业中心方向运载至租界新商业中心的消费人群数量比由新商业中心方向运载至老商业中心的消费人群数量更大。

考虑 2）和 3）的影响，电车对商业中心转移的推动作用更加明显。

6.2 应用二：近代天津商业中心在动力机制合力下的演变

6.2.1 租界建设对城市商业空间形态演变的影响

1. 模型说明

（1）主体确定

在了解近代天津商业中心转移始末并掌握 NetLogo 软件后，确定模型中两个重要的主体（agents），即静态瓦片（patches）和动态海龟（turtles）。首先将瓦片视为华界与租界用地，赋予"attractions"属性，表示该瓦片的吸引力；赋予"owner"属性，表示瓦片分别所属华界和租界；赋予"construction"属性，表示租界建设，用来与 attractions 进行交互；赋予"roads"属性，标记已建成的租界道路添加"occupied"属性，标记已被商人占用的瓦片；赋予"value"属性，表示商人所占用的瓦片具有的商业价值，用于与瓦片属性 attraction 交互。其次，确定移动主体海龟，定义一个新的 breed（种类）——merchants（商人），赋予 merchants "funds"属性，表示携带资金，方便与 attractions 交互；赋予"name"属性，表示 merchants 分别所属华界和租界。

（2）模拟商人人口数量

将租界人口结构的形成阶段分为 19 世纪和 20 世纪两个阶段。1870 年是租界人口增长的开始时期，从 19 世纪 70 年代到 90 年代是天津租界人口增长的第一个发展时期。这 30 年间，天津口岸经济的繁荣以及李鸿章的洋务政策，吸引了越来越多的西方人来到天津，在这一时期，在天津的外国侨民由 19 世纪 70 年代的不到 200 人增加到义和团运动发生前的 2 000 余人。

从 20 世纪初到太平洋战争爆发前，是天津租界人口增长最为迅速的时期。到 1906 年，租界人口从义和团运动爆发前的 2 000 余人增长到 6 000 多人，到 1927 年租界人口增长将近 2.4 倍，1938 年的租界人口数是 1927 年的 1.25 倍。相关数据见表 6-2 和表 6-3。

本书选取 1900 年这个研究时间点，研究对于华界与租界人口中商人人数的统计分析比较困难，租界每年增长的外侨和华人人数同样也难以统计。因此，模拟现实世界商人人数，总体根据现有资料确定 1900 年华界与租界商人人数的初值比例和 1900 年至 1937 年这段

表 6-2 19 世纪在津外侨统计	
年份	外侨人数 / 人
1877	175
1879	262
1890	612
1896	700
1900	2 200

表 6-3 20 世纪租界人口统计			
年份	洋人 / 人	华人 / 人	合计 / 人
1906	6 341	61 712	68 053
1910	6 304	43 742	50 046
1927	8 142	111 554	119 696
1938			150 109

时期租界外侨和华人的增长速率，通过利用 NetLogo 中原语的随机数特性及不断推演模型来确定上述几个数据。

（3）ticks（时钟计数器）

在模型中设置 ticks，用于模拟现实世界的时间消逝。ticks 为 0 时代表现实世界的 1900 年，当完成租界建设模型时，对应现实世界中的 1937 年。

（4）模型简化

1900 年华界商业发展势头衰微，此时不考虑华界 construction 的增加，同时不考虑华界 merchants 的自然增长。

2. 模型框架

（1）环境规则

环境初始状态包括华界商业街位置分布，这些商业街主要分布在北大关附近及东门外天后宫附近；租界则表现为英法租界已建成道路及中街与巴黎路商业街位置分布。设置华界商人为 500 个，租界商人为 40 个，随机分布于华界与租界的商业街附近。

（2）主体规则

商人携带的资金对城市商业中心转移的影响为基本因素，均参与到每个模型的模拟中，下文将不再赘述。

模型模拟过程中，商人携带的资金及租界建设会导致所在瓦片及该瓦片周边吸引力值的增加。那么在该模型中，导致华界吸引力增加的因素为华界商人所携带的资金，而租界吸引力增加则受租界商人携带的资金及租界建设这两个因素影响。

分别统计华界与租界瓦片 attractions 的平均值，当租界瓦片吸引力的平均值超过华界瓦片吸引力的平均值时，命令每一 ticks 值，移动若干个华界商人到具有最大吸引力值的瓦片上。

分别进行绘图观察华界与租界商人数量及吸引力平均值的变化；编辑程序命令瓦片蓝色深浅与 attractions 值成呈正相关，吸引力值越大，瓦片蓝色越深；海龟商人的红色表示商业用地。以上主体规则在每个模型中均相同，下文不再赘述。

3. 模拟结果

随着租界的不断建设，租界 attractions 值逐渐增长，模型共运行 41 个 ticks，在 ticks 值为 5 时，租界吸引力即超过华界。观察租界商业分布，因为模型运行规则设定商人所在瓦片会引起周边瓦片吸引力增加，因此少量商户在中街已有商业基础的影响下分布在其附近。而租界其余商户则呈零散分布，这主要是因为租界建设 construction 值的设定是随机的，商人在遵循寻找具有最大吸引力值瓦片的规则下，也表现为随机出现在租界内。又因为模型规则设定租界建设所经过的瓦片会带动周边瓦片吸引力增长，因此，商户虽呈零散分布，但出现在道路交会处的可能性更大一些。

模型运行结束时，华界商人人数为 339 个，减少了 161 个，租界商人人数为 329 个，其中自然增长 128 个。模型在租界建设这一动力机制影响下，租界商人的构成为外侨与华人基本均衡分布。相关结果见图 6-24 ～图 6-27。

图 6-24 在租界建设影响下的近代天津商业中心演变过程（ticks=0,7,14,28,35）

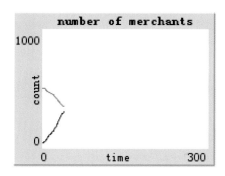

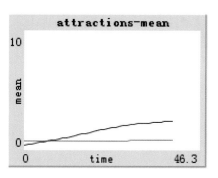

图 6-25 华界与租界商人人数统计　　　　图 6-26 华界与租界吸引力平均值统计

图 6-27 在租界建设下的近代天津商业形态

6.2.2 租界建设及电车开通对城市商业空间形态演变的影响

该模型是在应用 1 的基础上添加电车开通这一动力机制以模拟近代天津城市商业中心在租界建设及电车开通两者的合力下会发生怎样的演变。

1. 模型说明

为瓦片增添"traffic"属性，表示电车的开通，用于与 attractions 交互，同时添加"ctr"属性，标记已建成的电车线路。

2. 主体规则

与租界建设作用力方式相同，电车线路经过的瓦片及瓦片周边均会引起吸引力值的增长。此时租界吸引力由资金、租界建设及多条电车开通共同决定，而华界吸引力则由资金及一条环城电车决定。商人建立商户的原则仍为寻找具有最大吸引力的瓦片之一，观察模型运行结果。

3. 模拟结果

由于电车率先围绕旧城区城墙开通，因此在模型运行初期，华界吸引力在电车的影响下与租界吸引力的差值持续拉大，直到通往租界的多条电车开通后，租界吸引力才超过华界吸引力，吸引华界商人到租界设立商铺。

观察租界商业分布，模型在租界建设与电车开通的影响下，两者均经过的瓦片吸引力值最大，因此吸引到租界自然增长的外侨与华界商人沿电车线路建立商铺。因为在租界开通的电车有两条经过日租界旭街和法租界杜总领事路，因此在这两条街上形成了与传统商业完全不同的中心商业街。而华界商业除在电车开通的环城马路有少量商铺建立外，其旧城区商业变化不大，仍可以与租界商业相竞争。

模型运行结束时，华界商人人数为447个，减少了53个，在增加了电车这一影响因素下，华界商人转移的人数反而变少了，这主要是因为有一条电车在华界开通，而华界瓦片数要远远少于租界。

在计算吸引力平均值时，自然华界吸引力平均值增长得更快一些。另外在计算租界开通的电车时，存在一些误差，比如除花牌电车外，其余电车起点均在旧城区北大关，经过东北角、东南角然后到达租界，这段既经过华界也影响租界的电车路线没有被统计在华界与租界吸引力总和中，多少会影响租界吸引力平均值。

租界商人人数为225个，租界商人自然增长了132个，总的来看，该模型运行结束时，租界商人主要由外侨构成。相关结果见图6-28～图6-31。

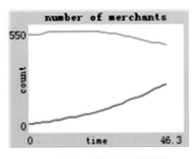

图6-29 华界与租界商人人数统计

图6-28 在租界建设、电车下近代天津商业形态演变结果
（ticks=42）

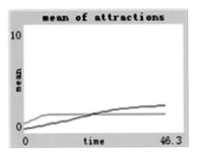

图6-30 华界与租界吸引力平均值统计

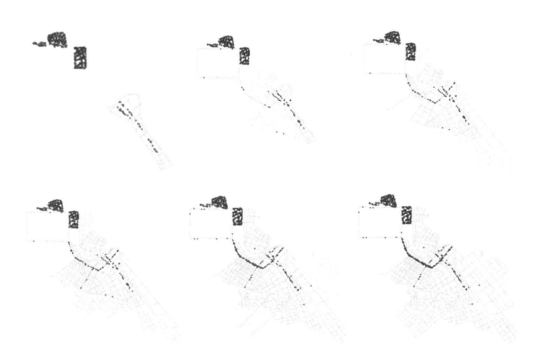

图 6-31　在租界建设、电车影响下的近代天津商业中心演变过程（ticks=0,7,14,28,35）

6.2.3　租界建设、电车开通及战事对城市商业空间形态演变的影响

该模型是在应用 2 的基础上添加战事这一动力机制以模拟近代天津城市商业中心在三者的合力下会发生怎样的演变。

1. 模型说明

（1）主体确定

战争因素在 1900 年至 1937 年这段时间对天津城市空间形态演变的影响表现为突发性，战争一旦爆发，华界大批富商及普通市民携带资本及家眷来到租界避难。随着富有华人的迁居，大量财富也随之向租界转移。这主要表现在两个方面，一是在华人大迁徙的同时，各租界大都出现了建设高潮，包括住宅建设和商业建设；另一方面，大量商业资本随着华商的迁居而向租界转移。因此，19 世纪的天津租界还是以外国侨民为主，到了 20 世纪，随着华人的大量涌入，在租界居住的华人人口迅速增长，使租界成为华洋"杂居"的社会。因此，为模拟城市商业中心在租界建设、交通方式改变及战事影响下的演变，为模型添加"citizens"这一因子，即除商人外的普通市民。

（2）模拟市民人口数量

模拟市民人口数量的机制与商人相同，设定华界中市民人数为 1 000 个，租界中的市民人数为 100 个。

2. 主体规则

战事对城市商业中心转移的推动主要表现为每一个 ticks 有随机数量的华界商人及市民来到租界避难，市民并不携带资金，但表现为当市民达到某一数量时，租界会自然增长相应个数的商人，为更多的市民提供商业活动。另外，在指定 ticks 值（如 1912 年壬子兵变及 1931 年九·一八事变）时，模型设定一部分华界商人逃到租界避难。

3. 模拟结果

与上一模型运行结果相似，租界的吸引力在电车陆续开通后才慢慢超过华界。观察租界商业分布，在电车开通的影响下，日本旭街形成具有一定规模的中心商业街。由于战事这一影响因素，华界商人不断涌向租界，日本旭街的商业在慢慢饱和的情况下，法租界的巴黎路也逐渐成为商业街，而在电车交会处商业格外繁荣。模型运行结束时，华界商人人数仅剩余 65 个，华界商业中心已基本不复存在，租界商人人数已远远超过华界商人人数，城市商业中心的转移已出现不可逆转的局势。相关结果见图 6-32 ～图 6-38。

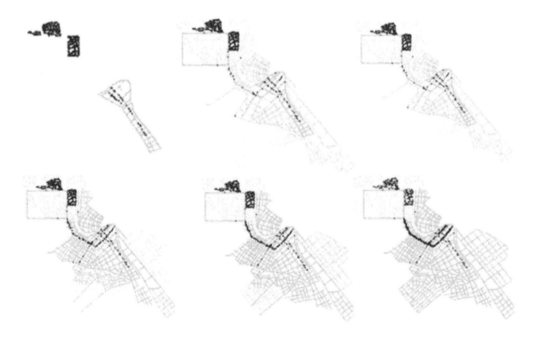

图 6-32 在租界建设、电车、战事影响下的近代天津商业中心演变过程（ticks=0,7,14,28,35）

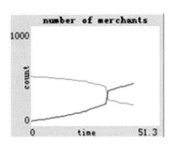

图 6-34 华界与租界商人人数统计

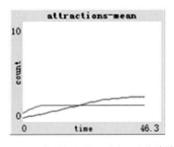

图 6-33 在租界建设、电车、战事下影响近代天津商业形态演
变结果（ticks=42）

图 6-35 华界与租界吸引力平均值统计

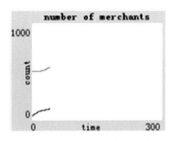

图 6-37 华界与租界商人人数统计

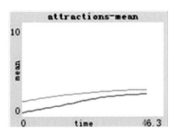

图 6-36 在资金与租界建设作用力比值为 12:6 时
近代天津商业形态演变结果（ticks=42）

图 6-38 华界与租界吸引力平均值统计

6.2.4　小结

与最初对模型结果预测相似的是，在交通方式没有改变的情况下，城市中心并没有发生转移，同时租界商业并没有形成规模，呈零散分布，并没有形成中心商业街；而在添加电车这一影响因素后，在日租界旭街出现中心商业街，与现实世界情况相符合。与最初设想不同的是，即使是在租界建设与电车开通的双重作用下，商业中心并未发生转移，华界与租界的商业中心同时存在。在添加战事这一影响因素下，城市中心发生转移并呈现不可逆转趋势，日租界旭街与法租界巴黎路同时出现新型中心商业街。

从以上模型模拟结果分析可知，这 3 个动力机制在天津近代商业中心演变的过程中"各司其职"，其中电车开通奠定了商业街的基础，只有在它的影响下，商业才不再呈零散分布而是形成一定规模。租界建设与电车开通所经过的瓦片在两者的作用下吸引力总和必然比租界其他瓦片吸引力要大，因此，租界建设这一影响因素实际上是"辅助"交通方式共同影响中心商业街的形成。最后，战事这一动力机制实际上是加速了城市商业中心的转移，促使租界在较短时间内聚集大量具有资本的商人建立商铺，聚集人气，加速华界商业的衰落，从而实现了天津近代商业中心的转移。

6.3　应用三：近代天津商业中心在不同的动力机制作用力下的演变

在了解了 3 个动力机制在城市商业中心转移过程中起到的主要作用后，由于战事这一影响因素所起的作用是突破性的，在相应时间节点表现为商人和市民的迁居，因此暂不考虑改变战事作用力大小。将应用 2 模拟结果作为对比组，通过改变资金、租界建设及交通方式对近代天津城市商业形态演变的作用力大小，观察城市商业中心的转移过程及城市商业形态的变化。

6.3.1　第一组模拟——分别改变资金及租界建设作用力的大小

1. 应用 1-1：增大资金作用力

改变第一个模型中资金对商业中心转移的影响，将作用力提高一倍，观察模型演变结果。

当资金的作用力较大时，已有商业基础的瓦片对其周边瓦片吸引力的提高有很大影响，在遵循寻找具有最大吸引力瓦片的规则下，租界中自然增长的商人一部分转移到资金实力较强的华界建立商铺，一部分则在租界建设及中街已有商业基础的双重影响下在中街设立商铺，导致模型运行的结果不再是零散分布，而是商业集聚化，在华界和租界中街分别形成双商业中心结构。

2. 应用 1-2：增大租界建设作用力

将租界建设对城市商业中心转移的作用力提高一倍，观察模型的运行结果。

由于租界建设作用力的提高，导致租界每个瓦片的吸引力值增大，加速了与华界吸引力差值的拉大，加快了旧城区商业中心的瓦解，但却未能在租界形成具有规模的商业街，商户零散地分布在租界内。

3. 小结

从改变资金及租界建设这两个动力机制作用力的模拟结果来看，既未形成单一结构的商业中心，也未形成具有一定规模的商业街，两者均不是对天津近代城市商业中心转移起决定作用的影响因素。相关结果见图 6-39 ～图 6-44。

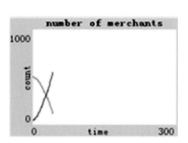

图 6-40 华界与租界商人人数统计

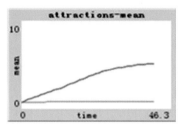

图 6-39 在资金与租界建设作用力比值为 6:12 时近代天津
商业形态的演变结果（ticks=42）

图 6-41 华界与租界吸引力平均值统计

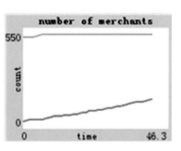

图 6-43 华界与租界商人人数统计

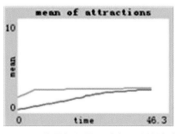

图 6-42 在资金、租界建设、电车作用力比值为 12:6:6 时近
代天津商业的形态演变结果（ticks=42）

图 6-44 华界与租界吸引力平均值统计

6.3.2　第二组模拟——分别改变资金、租界建设及交通方式作用力大小

1. 应用 2-1：增大资金作用力

改变资金对商业中心转移的作用力大小，其模拟结果与对比组模拟结果基本相同。在租界建设与电车开通的合力下，租界形成商业街，但由于资金作用力增大，旧城商业中心并没有衰落，在模拟结束时，租界吸引力才几乎与华界吸引力持平。相关结果见图6-45~图6-53。

2. 应用 2-2：增大租界建设作用力

此次模拟与第一组模型中改变租界建设作用力大小模拟的结果相似，城市商业中心转移的过程被加速，在模拟一开始，租界吸引力即超过华界，模拟结束时，租界商人人数已是华界商人人数的近两倍；租界商业分布有所变化，除在租界建设与电车开通的同时影响下形成中心商业街外，由于租界建设作用力的提高，零散商业也同时存在于租界中。

3. 应用 2-3：增大交通方式作用力

改变交通方式作用力大小，模拟结果基本无差别。但由于最先在华界开通的电车对华界吸引力起到一定作用，因此在模拟结束时，租界吸引力才刚刚超过华界吸引力。

图 6-45　在资金与租界建设作用力比值为 6:12:6 时近代
天津商业形态演变结果（ticks=42）

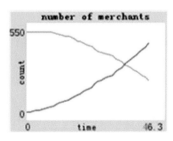

图 6-46　华界与租界商人人数统计

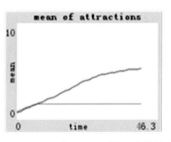

图 6-47　华界与租界吸引力平均值统计

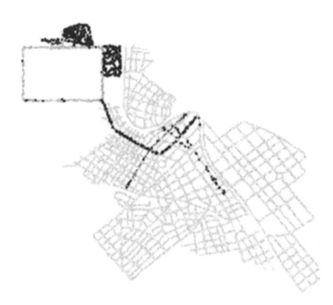

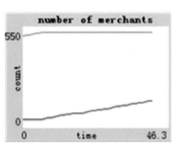

图 6-49　华界与租界商人人数统计

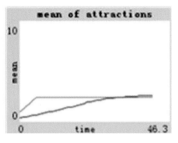

图 6-48　在资金与租界建设作用力比值为 6:12:6 时近代天津商业形
态演变结果（ticks=42）

图 6-50　华界与租界吸引力平均值统计

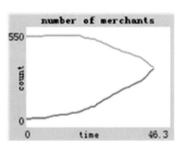

图 6-52　华界与租界商人人数统计

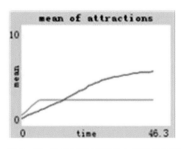

图 6-51　在资金与租界建设作用力比值为 6:12:6 时近代天津商业形
态演变结果（ticks=42）

图 6-53　华界与租界吸引力平均值统计

4. 应用 2-4：增大租界建设及交通方式作用力

同时改变租界建设及交通方式作用力，模拟结果基本无差别。但由于同时提高了两个对租界吸引力增长有利的机制作用力，因此租界吸引力大幅度超过华界吸引力。

5. 应用 2-5：增大资金及交通方式作用力

在增大资金与交通方式作用力时，实际上就是旧城区商业资本与租界电车之间的"较力"过程。模拟结果显示，由于资金作用力增大，旧城区的商业基础更加稳固了，华界商人人数未减反增，即吸引了一部分的租界外侨，直到模型运行结束时，租界吸引力也未超过华界；在电车作用力下，在租界形成一定规模的商业街，即双中心结构同时存在。

6. 应用 2-6：增大资金及租界建设作用力

增大资金与租界建设作用力，由于租界建设这一动力机制涉及更多数量的瓦片，因此对增大租界吸引力起到很大帮助，在一定程度上削弱了旧城区资金作用力，华界商业规模缩小。另外，在租界建设的作用力下，有零散商业分布。

6.3.3 小结

改变各动力机制作用力大小的模拟结果表明，由于旧城区商业吸引力的维持主要依靠长年积累的商业资本及一条环城电车线路，因此当改变资金及交通方式作用力大小时，旧城区商业仍可维持经营建设，尤其是单独改变资金作用力时，旧城区商业反而更加繁荣，商人人数不减反增，形成双商业中心结构。而租界商业吸引力的提高主要依靠租界建设及多条电车线路的开通，当改变这两个作用力时，旧城商业中心往往呈现衰落现象，租界商人人数超过华界。同时，当单独改变租界建设作用力时，在租界会形成零散的商业分布。

通过以上模拟、分析及与现实世界进行对比可知，旧城区商业资本的积累并没有挽回华界商业中心衰落的颓势，而租界建设则为租界商业发展奠定了良好基础，削弱了华界商业的发展势头，电车的开通在根本上决定了商业空间形态的演变，与租界建设共同影响了租界中心商业街的发展，再加上战事起到的突破性作用，促使大量华界商人来到租界，进而加速了城市商业中心的转移进程，完成了中心商业街的建立与单中心商业结构这一历史演变。

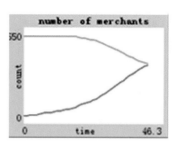

图 6-55 华界与租界商人人数统计

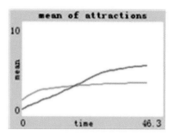

图 6-54 在资金与租界建设作用力比值为 6:12:6 时近代天津商业
形态演变结果（ticks=42）

图 6-56 华界与租界吸引力平均值统计

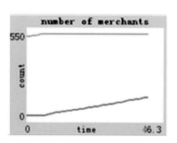

图 6-58 华界与租界商人人数统计

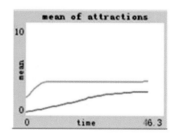

图 6-57 在资金与租界建设作用力比值为 6:12:6 时近代天津商业
形态演变结果（ticks=42）

图 6-59 华界与租界吸引力平均值统计

6.4 应用四：天津商业步行街活力差异[1]

6.4.1 仿真对象解析

随着城市化进程的持续推进，天津商业街数量剧增、商业业态和空间形态发展多元化，以往单一的购物场所转变为含购物、娱乐、餐饮等多种功能的休闲场所，市场竞争日趋剧烈。其中，步行街以齐全的功能配置和良好的商业氛围成为商业街中最受消费者青睐的场所类型之一。

滨江道商业步行街（图 6-60）和鼓楼商业步行街（图 6-61）在天津的商业步行街中独具特色。前者由天津原法租界梨栈发展起来，东起邻近海河的张自忠路，西至南京路，整

图 6-60　滨江道商业步行街

1　参考天津大学 PSIP 项目"城市商业街业态和设施分布对街道活力的影响"。指导教师：侯鑫。项目成员：刘苗苗、张天娇、王昕宇、李雯婷、刘畅等。

图 6-61　鼓楼商业步行街

条道路呈东北－西南走向，全长 2 000 多米，汇集了商业、服务业、餐饮业等多种业态，商业零售额曾居天津第一，是天津市最繁华的商业街之一。

　　后者则是天津老城厢商业复兴的重点建设区域，目前已被开发为以鼓楼为中心、呈 T 字形，总建筑面积 7 万 m² 的大型步行街。整个商业街集文化、购物、旅游等功能为一体，在业态布局上大致分为 3 个部分，即北街为北方古玩城和黄金阁艺术市场，南街分布着天津传统民俗文化展示区、商业及餐饮区，东街为精品购物街。

长期的历史发展和兴衰变换，两个传统街区在新陈代谢的过程中凸显出旺盛的生命力，各自独特的空间形态不仅承载着历史沉淀，也存在现代真实的城市生活，这些都是产生街区活力的基础。然而，由于街区的发展定位、业态分布、顾客来源等多方面因素的影响，两个商业街区之间以及每个商业街区内部不同街道之间均存在明显的活力差异现象。

6.4.2 仿真实现

1. 模型框架

人们对于城市空间"活力"的概念并没有统一的认识。美国城市规划理论家凯文·林奇（Kevin Lynch）在《城市形态》一书中主要从生存角度出发，将"活力"定义为聚落形态对于生命机能、生态要求和人类能力的支持程度，认为活力是检验城市空间质量的首要指标。美国评论家简·雅各布斯（Jane Jacobs）在《美国大城市的死与生》一书中认为城市及街区产生活力的关键是人，指出了现代城市街区设计中应保证一定的功能混合性和人流密度，注重对"多样性"的设计。英国建筑师伊恩·本利特（Ian Bentley）在《建筑环境共鸣设计》一书中将建筑场所的活力描述为可以为使用者提供更多场所使用选择的特征。由上述几种观点可见，对空间场所而言，纯粹的物质空间不可能具有活力，人在空间中的行为及空间的反馈是活力的源泉。

作为一个抽象的概念，街区的活力很难用数据表达出来，只能通过对影响街区活力的要素——人、场所以及活动的分析来呈现街区的活力状态。下文仿真模型选取商业街区空间布局中最重要的一个元素——业态作为研究对象，将消费者在街区不同业态中的行为与体能消耗对应起来，模拟消费者以一定体能进入街区，并在商业街区中行走、购物、休憩等，最后体能耗尽离开街区的自然行为。此项模拟用消费者在街区中的停留时间作为衡量街区活力的标准，对比不同街区业态分布下消费者在商业街区行为的变化，研究造成天津商业街区活力差异的内在原因，对街区业态布置提出建议。

2. 主体规则

主体代表能够做决策并移动的消费者个体，根据经验及研究目的，设定主体有几种行为，包括购买、餐饮、娱乐、行走和休憩。研究为每个主体赋予一定初始能量值，主体的能量根据其所处位置的业态而被消耗或者补充，能量值为零时视作体能耗尽，主体离开；能量值大于零时，主体继续购物（图 6-62）。根据调研及经验分析，设定主体的行为及其对能量的要求见表 6-4。

主体的属性"能量值"也就是个体人的能量的消耗或增长，是生理学、运动学领域的重要内容，并未有准确又简便的测量人体能量消耗的方法。根据人体能量代谢机制，人的体能消耗可以分为体力活动能量消耗量 (AEE) 和安静时能量消耗量 (REE) 两部分，体能消耗量 (kcal/d)= 体力活动能量消耗量 (kcal/d)+ 安静时能量消耗量 (kcal/d)。其中体力活动能量消耗量表示肌体进行某一活动时所消耗的能量，

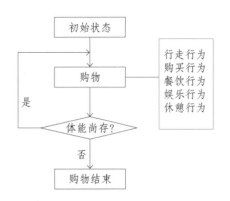

图 6-62　主体规则流程图

表 6-4　主体行为及主体能量值变化

行为	购买行为		餐饮行为		娱乐行为	行走行为	休憩行为
	商场购物	店铺购物	餐馆进食	路边摊进食			
对能量的要求	消耗能量	消耗能量	增加能量	增加能量	增加能量	消耗能量	增加能量

只占总体能消耗量的 20%~30%，但因其具有较强的可变性，成为区别人与人之间体能消耗的关键[5]。

体能和体力是相似的概念，都是为了表示人体在特定状态下的运动能力。体能越好，则在同等状态下就能承担更强的运动负荷。在模型中将体能视为人体运动的能力，并以其可承担的人体能量消耗大小对其进行衡量。模型中，表示体能消耗大小的单位有 J、kJ 以及 cal 和 kcal，其中 1cal ≈ 4.187J。衡量体能消耗速率的单位有 J/s,cal/s 等。学术界已根据实验和观察数据总结出一套人体不同活动对能量的消耗值，见表 6-3。

根据比例换算，模型环境中一个瓦片的尺寸大约相当于 25 m² (5 m×5 m)，按人的平均行走速度 1.5 m/s 计算，主体行走一步用时 1/1 080 h，假定行人的平均体重为 60 kg，对应表 6-5，可以估算出主体在商业街中各类行为的能量消耗。

（1）行走行为能量值消耗的设定

考虑到行人在购物时会携带东西或拎着商品，因此该行为对应"7 kg 负重水平地面步行或下楼"的能量消耗，主体每步消耗的能量值为 0.2 kcal。

（2）休憩行为能量值增加的设定

表 6–5　不同体力活动的能量消耗

活动类型	活动性质	代谢当量	kJ/(h·kg 体重) [kcal/(h·kg 体重)]
跑步	走跑结合（慢跑成分 <10 分钟）	6.0	25 (5.9)
跑步	8 km/h	8.0	33 (7.8)
跑步	9.6 km/h	10.0	42 (10)
跑步	10.8 km/h	11.0	46 (10.9)
跑步	11.3 km/h	11.5	48 (11.4)
跑步	12 km/h	12.5	52 (12.4)
跑步	跑，原野	9.0	38 (9.0)
跑步	跑，一般 / 原地	8.0	33 (7.8)
跑步	跑，上楼	15	63 (15)
步行	背包，一般	7.0	29 (6.9)
步行	7 kg 负重水平地面步行或下楼	3.5	15 (3.6)
步行	负重上楼，一般	9.0	38 (9.0)
步行	0.5 ~7 kg 负重上楼	5.0	21 (5)
步行	7.5~10.5 kg 负重上楼	6.0	25 (5.9)
步行	11~22 kg 负重上楼	8.0	33 (7.8)
步行	下楼	3.0	13 (3.1)
步行	徒步越野旅行	6.0	25 (5.9)
步行	行军，快，军队	6.5	27 (6.4)
步行	爬山或登岩	8.0	33 (7.8)
步行	水平地面，<3 km/h，散步	2.0	8 (1.9)
步行	3 km/h，硬表面	2.5	10 (2.4)
步行	4 km/h，硬表面	3.0	13 (3.1)
步行	5 km/h，中速，水平地面，硬表面	3.0	13 (3.1)
步行	8 km/h	3.5	15 (3.6)

根据人体机能的影响，普通行人每行走 30 min 需要休息 5 min，因此休息时增加的能量为行走时的 6 倍，即 1.2 kcal。

（3）购买行为能量值消耗的设定

对于商场购物，考虑到人们要拎着东西进行上下楼的活动，因此能量消耗对应"0.5~7 kg 负重上楼"的值，计算得出模型中主体在代表商场的瓦片中每行走一步消耗的能量值为

0.28 kcal；与此对比，主体在店铺购物由于没有上下楼的活动，消耗的能量值取 0.2 kcal。

（4）餐饮行为能量值增加的设定

对于餐馆就餐来说，人不仅可以获得来自食物的能量，也能因坐下休息而获得能量，因此增加的能量值取休息时增加的能量 1.2 kcal 和从食物中获得的能量 600 kcal 之和，即 601.2 kcal；对于街边店（如奶茶店、小吃摊）就餐来说，由于无座椅等休息设施且由食物获得的能量要少于正常一餐的能量，因此此能量值取 10 kcal。

（5）娱乐行为能量值增加的设定

娱乐活动主要包括看电影、听戏、参观博物馆等活动，能量值取 0.3 kcal。

（6）初始能量值的设定

考虑到行人一般购物时如果不休息、不进食，一般可以行走 1.5 h，因此初始能量值采用人行走和购物 1.5 h 消耗的能量，代谢当量采用平均能量消耗值 4.3 kcal/（h·kg 体重），计算出行走购物 1.5 h 消耗的能量为 387 kcal。

综合上述分析，可得出行人在商业街中的能量变化表，见表 6-6。

表 6-6　商业街中行人行为与能量变化对应表

行为	购买行为		餐饮行为		娱乐行为	行走	休憩行为	初始能量
	商场购物	店铺购物	餐馆进食	路边摊进食				
能量变化 /kcal	-0.28	-0.2	+1.8	+0.2	+0.3	-0.2	+1.2	387

3. 环境规则

模型环境体现商业街区的空间布局及业态分布。

1）研究街区以外地块，海龟无法活动的空间，以黑色表示。

2）街道，海龟的主要活动空间，以棕色表示。

3）入口，海龟开始购物活动的出发点，按实际街道情况设置。

4）休息设施，位于商业街并供海龟休息获取能量，是较为平均的分布在街道上的绿色瓦片。

5）不同业态的沿街店铺，海龟进行消费活动的场所，不同颜色的瓦片代表商场、餐饮、娱乐等不同的业态，海龟在进入其中时会相应地消耗或增加能量值。

为了更好地对两个商业步行街进行对比，将滨江道商业街与鼓楼商业街的业态进行分别归纳，见表 6-5、表 6-6。根据卫星地图及调研资料，将商业街业态布局以面积换算进行平面化，如图 6-63 所示。

表 6-7 滨江道商业街业态分布

滨江道商业街中的业态	销售业		餐饮行业		娱乐业
	大型商场、百货购物	小型独立店铺	可以入座休憩的餐厅	小型临街摊	影剧院
模拟的瓦片颜色	红色（red）	粉色（pink）	蓝色（blue）	紫色（violet）	黄色（yellow）

表 6-8 鼓楼商业街业态分布

鼓楼商业街中的业态	销售业		餐饮行业		娱乐业
	古玩、家居字画店	小商品店铺	餐馆、住宿	沿街外卖、小吃店铺	戏院、博物馆
对应在滨江道商业街中的业态	大型商场、百货购物中心	小型独立店铺	可以入座休憩的餐厅	小型临街店铺	影剧院
模拟的瓦片颜色	红色（red）	粉色（pink）	蓝色（blue）	紫色（violet）	黄色（yellow）

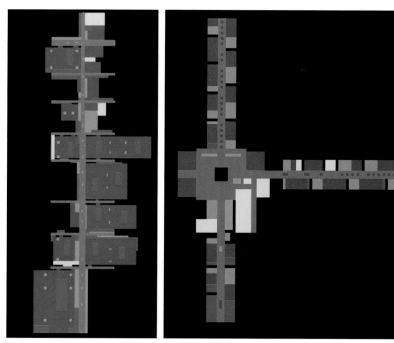

滨江道商业街业态抽象初始化形态　　　　　鼓楼商业街业态抽象初始化形态

图 6-63 模型初始化示意（组图）

6.4.3 结果分析

1. 滨江道商业街模拟结果及分析

此次模拟为了了解商业街各种业态布置对人数影响的程度，除了分析现状人数变化情况外，还采用单因素变量法，将某一业态对主体能量值的影响取消，观察主体数量曲线的变化，以此来检验该因素的重要性。

（1）当前业态分布主体人数的变化

在滨江道商业街主体数量随时间的变化分布图中，横轴代表 NetLogo 世界中的时间点（每一点代表程序循环一次，即每个模拟主体行走一个瓦片，根据瓦片大小，换算出主体行走一步在现实世界用时为 5 m÷1.5 m/s×1 ≈ 3.33 s（以人正常行走速度为 1.5 m/s 计算）），纵轴代表街道中所拥有的主体人数。

由滨江道主体数量变化图（图6-27 左图）可见，人数变化的第一个拐点均出现在第870 至 1 080 左右的时间点上，主体数量迅速下降。一定时间后，主体数量下降的趋势放缓，并最终在较小范围内浮动，达到稳定的状态。根据主街道的宽度，将滨江道分为北部较窄的旧街和南部较宽的新街，虽然由北旧街处进入商业街的初始主体数量最多，为 6 810 人，但其下降幅度较大，最后仅存留 4 700 人，主体的保有率为 69.0%（图6-27 中图）。在总主体数量未变的最初阶段，北旧街主体数量下降而南新街主体数量上升，就主体数量下降的整个过程来看，南新街的变化趋势较为剧烈（图6-64 右图）。

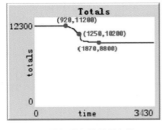

滨江道主体数量变化

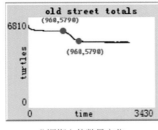
北旧街主体数量变化

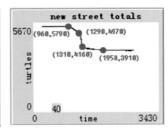
南新街主体数量变化

图6-64 滨江道商业街街区活力模拟（组图）

从街面布局和业态分布来看，北旧街街道宽度狭窄，大型商场较少，业态稍显零碎。有一条小吃街位于旧街西面的某条支路上，人们可以在此购买食品，但其餐饮多限于外带售卖，提供座椅休息的饭店较少，体验稍差。南新街街面宽度大，大型商场较多，在商场内有一定的休息设施和餐饮布置，推测消费者在新区可能会有更好的购物体验和体力补充的条件。所以，根据现实情况，在模拟时间一定的条件下也应当是南面新区的人多于北面旧区。

（2）休憩空间因素的影响

目前滨江道的休憩空间分为室外与室内两类，室外休憩空间主要位于步行道中线上，以休息座椅为主要形式。室内的休憩空间以大型商场内设置的休息座椅或平台为主。其中，在北旧街与和平路交口的西面集中布置了开放空间，座椅较多。

在模型中缺少休憩空间时（图6-65）（即模拟主体在走到代表休憩的绿色瓦片时不增加相应的能量值，其他因素不变），无论是整个街道还是北旧街和南新街分段，达到稳定状态时的主体留存数量都有所减少。其中北旧街有无休憩空间时的两条曲线形态较为相似，说明北旧街中因休憩空间缺失而造成的主体数量减少并不显著。与实际情况比对发现，休憩座椅在北旧街的分布较少，因此主体变化所受影响相对小。同时，南新街对休憩空间减少的反应较为明显，主体留存数量与原模型相比减少较多，且达到最低人数的时间更短，且其曲线同整个滨江道的主体数量变化新曲线趋势一致，说明在滨江道步行商业街，特别是南新街中，休憩座椅的数量对留住游客起到了较为关键的作用。

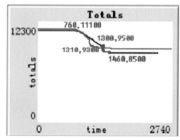
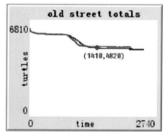

缺少休憩空间时主体数量变化　　缺少休憩空间时北旧街主体数量变化　缺少休憩空间时南新街主体数量变化

图6-65　休憩因素影响模拟（组图）

（3）餐饮业因素的影响

目前滨江道的餐饮空间大体分为两类，一类是街边及商场内部可以落脚休息的餐厅，另一类是以售卖零食、饮料为主的外带商铺。总体来看，餐饮业在滨江道商业街的业态中所占比例适中，店面经营状况较好，分布均匀。

在模型中去掉餐饮业时（图6-66），主体在街道中的数量变化在开始并不显著，因为自身初始能量值尚存，但是当达到一定时间后，主体数量骤然减少，主要是因为滨江道长度大、不能仅仅依靠人体初始的生物能，需要及时补充能量。两次模拟较大的曲线差值表明餐饮业态在目前滨江道步行商业街中十分重要，过低的餐饮业配比不利于人们在商业街中的能量补充与停留。

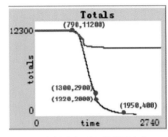
缺少餐饮空间时主体数量变化

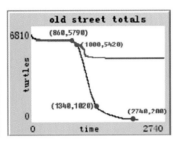
缺少餐饮空间时北旧街主体数量变化

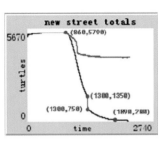
缺少餐饮空间时南新街主体数量变化

图 6-66 餐饮因素影响模拟（组图）

（4）娱乐业因素的影响

目前滨江道的娱乐业主要有电影院、电玩城和 KTV 等游艺场所，多存在于大型商场内部，面积较小，分布不集中。

当街道中缺少娱乐业时，通过模拟可知，主体的保有量几乎无明显变化，影响微乎其微，只是对最后留下的主体人数有一定的影响，整个曲线的形态与原来曲线的区别不大。

（5）同一街区商业功能配比对商业街活力的影响

为了观察各业态的分布组合情况对主体留存数量的影响，选取 A、B、C、D4 个入口（图 6-67），每次从单个入口投放实际情况下从各入口进入街区的主体数量之和，观察主体数量随时间变化的情况。

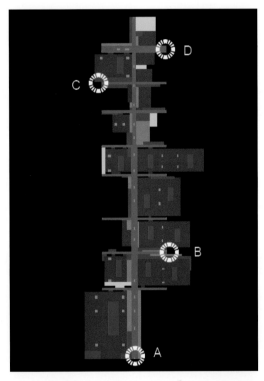

图 6-67 模型假设 4 个街区入口 A、B、C、D 位置示意

如图 6-68 所示，从 4 种情况下的主体数量变化可以看出，D 街口投放的主体随时间变化的趋势与原来状态相比有较大幅度的下降，最终有很少的主体存留在街道中；主体从 B 街口进入时，随时间延长主体数量与初始值相比几乎没有变化；而对于从 A 街口、C 街口进入的主体的情况，存留人数随时间变化不大，在比较合理的存留范围内。分析其中原因，由 B 街口进入的主体有更多的机会遇到娱乐、餐饮、商业等多种活动空间、并且能得到及时的诸如休憩空间给予的能量补充，对于其能量值的增加起到了重要的作用。而对于 A 街口进入的主体，消耗型的业态商店和零售的空间占有

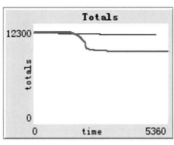

仅从 A 入口进入时主体数量变化

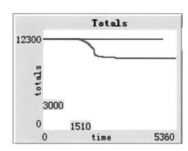

仅从 B 入口进入时主体数量变化

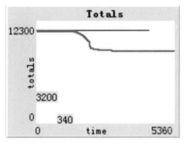

仅从 C 入口进入时主体数量变化

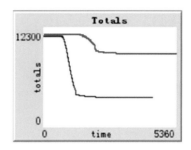

仅从 D 入口进入时主体数量变化

图 6-68　同一街区商业功能配比对商业街活力的影响模拟（组图）

较大的比例，但同时也有足够的休息座椅给予能量补充（图 6-69 左图），所以总体上看减少的数目不多。从 C 街口进入的主体，虽然有着小吃街等能量的集中补充，但当一定时间后，人群散布开来，需要合适的业态才能保证主体的存活率，导致其在街道中停留时间变短。可以看到，由 D 街口进入的主体几乎在较近的范围内无法接触到休憩空间（图 6-69 右图），故当生物能消耗至一定程度时，主体数量骤减，当主体有能力走到更远的地方，才能完成能量补给。

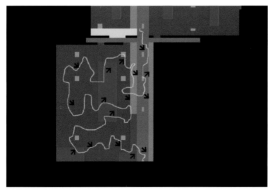

某主体由 A 入口进入后能量变化示意

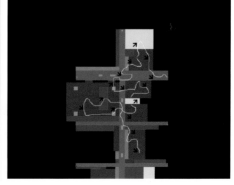

某主体由 D 入口进入后能量变化示意

图 6-69　不同业态布置对主体能量变化的影响（组图）

　　所以，合理的业态分布对于消费者能量的增加，即多在街道中停留起到了重要的作用。街道中除了商业零售业，增加饮食、娱乐和休憩等更加丰富的业态和更加多样的活动空间来满足人们的需求是十分必要的。

2. 鼓楼商业街模拟结果及分析

（1）当前功能分布主体人数变化

　　由鼓楼商业街主体数量变化图（图6-70）可看出，在第1700个时间点上，模拟主体人数开始迅速下降（即现实中大约1.5 h后大量游客开始离开商业街）。第5260个时间点时，模拟主体数量下降的趋势放缓，到第10 270个时间点处降为350人。其中，虽然在东街东入口处进入商业街的主体数量最多，为670人，但东街所拥有的最终主体数量趋势最低，仅为50人。北街主体数量下降趋势最快，但在后期达到波动平衡，人数有涨有落。南街中的主体数量下降趋势和东街相似，但最终保留的人数在3个街道中最多，为125人。因为受到西街西入口进入的主体影响，所以北街和南街的主体数量在最初呈现一定程度的上升趋势。

　　南街拥有较其他两街更多的休憩空间，所以余下的主体数量也最多。虽然东街有较多的小吃店铺和种类丰富的工艺品零售商店，但由于缺少休憩空间，因此存留的人数最少。北街业态种类单一，并且缺少能量补给和休憩空间，故人数下降趋势最快。推测人数波动可能来源于由南街进入的主体。

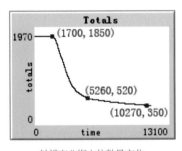

鼓楼商业街主体数量变化

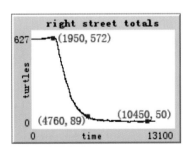

鼓楼商业街东街主体数量变化

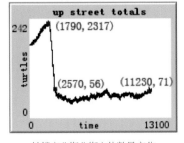

鼓楼商业街北街主体数量变化

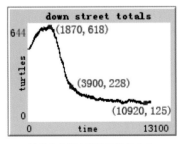

鼓楼商业街南街主体数量变化

图6-70 鼓楼商业街街区活力模拟（组图）

（2）休憩空间因素的影响

现状的休憩空间存量较少，仅有的休憩场所主要分布在环绕鼓楼周围的广场上，南街北侧有一片南北向的公园绿地，另外，东街入口处有一处小面积的休憩座椅。

如图 6-71 所示，在模型中缺少休憩空间时，主体最终剩余的数量都比街道中拥有休憩空间时要少，并且到达最少个数的时间要更短。其中有无休憩空间时东街的两条曲线形态较为相似，东街中剩余的主体数量减少并不显著。在模型中，休憩座椅在东街的分布较少，景观雕塑、小品等周围没有可供游人坐下休息的场所。同时，南北街对休憩座椅的减少反应较为明显，主体数量与原模型相比减少较为显著。这说明，在鼓楼步行商业街中，休憩座椅的数量对留住游客起到了较为关键的作用。

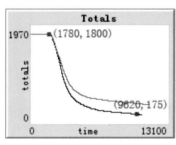
缺少休憩空间时主体数量变化

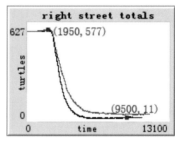
缺少休憩空间东街主体数量变化

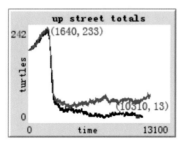
缺少休憩空间北街主体数量变化

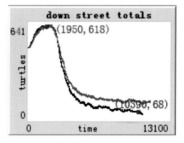
缺少休憩空间南街主体数量变化

图 6-71　休憩空间因素影响模拟 （组图）

（3）餐饮业因素的影响

现状鼓楼步行街中，餐厅只有在南街入口处有分布，且大部分店面处于停业状态，除此之外有部分零售小食品的店铺分布在东街，总体来看，餐饮业在鼓楼商业街各业态中所占比例很小。如图 6-72 所示，当在模型中去掉餐饮业时，主体在街道中的数量变化并不显著，这与鼓楼商业街餐饮业的量少且不均匀分布有关，这样的餐饮业配比不利于人们在商业街中的能量补充与停留。

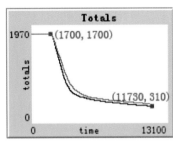
缺少餐饮空间时主体数量变化

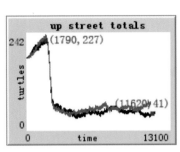
缺少餐饮空间时北街主体数量变化

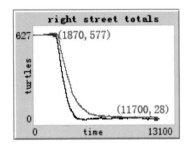
缺少餐饮空间时东街主体数量变化

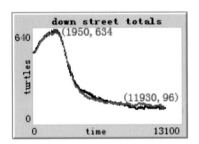
缺少餐饮空间时南街主体数量变化

图 6-72 餐饮因素影响模拟（组图）

（4）娱乐业因素的影响

目前鼓楼商业街的娱乐业主要有以广东会馆为主的戏院和戏剧博物馆等，分布在东街和南街靠近鼓楼广场的地方，面积较大，且分布相对集中。

当街道中缺少娱乐业时东街和南街受到的影响较大，但只是对最后留下的主体人数有一定的影响，整个曲线的形态与原曲线区别不大。因为餐饮业在鼓楼商业街所占的比例很低，所以不能看出其对主体存留方面的影响作用。

下面选取鼓楼东街、西街、南街和北街 4 个入口（图 6-73），每次从单个入口投放入实际情况下从各入口进入街区的主体数量之和，观察主体数量随时间变化的情况，并与基于实际情况的原仿真模型结果进行对比。从图 6-74 可以看出，与原模拟相比，仅从北街和东街入口进入的主体数量随时间下降幅度较大，最终街区主体存留量极低。而主体仅从南街入口进入时，其数量变化曲线与原曲线区别不大。

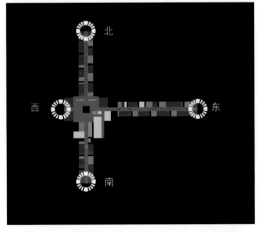

图 6-73 鼓楼商业街东、南、西、北、入口示意

仅从西街入口进入的主体情况存留人数比原来状态还有所上升（即在同等时间内，留住了更多的消费者）。

分析其中原因，由西街入口处进入的主体有更多的机会遇到娱乐、休憩等空间，对于其能量值的增加，即多在街道中停留起到了重要的作用。而对于从北街入口和东街入口进入的主体，商店和零售的空间占有极大的比例，餐饮业和娱乐休憩等活动空间较少，所以主体能量值消耗得较快，导致其在街道中停留时间变短（图6-75）。

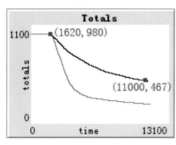

仅从西街入口进入时主体数量变化

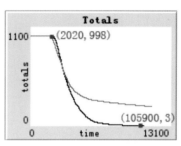

仅从东街入口进入时主体数量变化

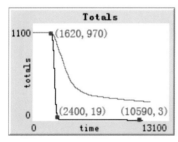

仅从北街入口进入时主体数量变化

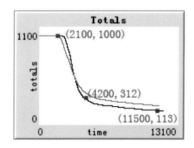

仅从南街入口进入时主体数量变化

图 6-74　同一街区商业功能配比对商业街活力的影响模拟（组图）

3. 优化模拟

基于以上对滨江道商业街和鼓楼商业街的模拟分析可见，滨江道商业街活力较强，对比两街区业态配比，鼓楼商业街的业态面积（瓦片数）比例为商业：餐饮业：娱乐业=81:3:16；滨江道商业街的业态面积（瓦片数）比例为商业：餐饮业：娱乐业=31:10:3。滨江道的餐饮业与商业的比是鼓楼的餐饮业与商业比的 8 倍左右；鼓楼的娱乐业与商业比则是滨江道娱乐业与商业比的 2 倍左右。

总体来看，鼓楼商业街能量补充型业态（餐饮业、戏院、博物馆等）所占比例较低，不足 20%，而能量消耗型的业态（古玩、家具店、工艺品店等）所占比例高达 80%。从人体体能的角度来看，在商业街中行走的消费者因为过多地消费了生物能，因此更容易达到疲劳状态。从心理的角度来看，业态过于单一导致了消费者在商业街中消费兴趣的降低，因此也

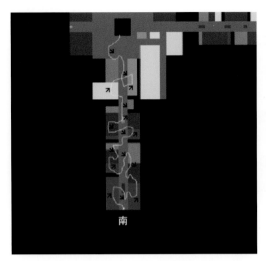

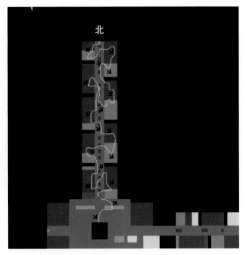

某主体由南街入口进入后能量变化示意　　　　某主体由北街入口进入后能量变化示意

图6-75　不同业态布置对主体能量变化的影响（组图）

更容易离开商业街。

　　针对鼓楼商业街的业态现状，借鉴滨江道商业街的业态配比，建立优化模拟模型，将鼓楼商业街的餐饮业比例提高，与滨江道餐饮业比例相当。如图 6-76 所示，由优化模拟结果可以看到，增加了餐饮业之后，在相同时间内，鼓楼商业街整体及各个街道部分的主体存留

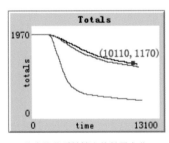
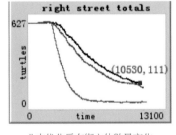

业态优化后鼓楼主体数量变化　　　　　　　业态优化后东街主体数量变化

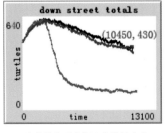
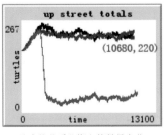

业态优化后南街主体数量变化　　　　　　　业态优化后北街主体数量变化

图 6-76　鼓楼商业街优化模拟（组图）

量均有了明显的提升，主体数量开始下降的时间点基本不变，但经过该时间点后主体数量下降的趋势明显变缓。因为新增加的餐饮业多在北街和南街的店面中，所以在北街和南街中的主体数增加的变化表现得比东街更为明显。

在增加餐饮业的基础上，为东街、北街和南街再增加部分休憩空间，可见主体数量下降的趋势有了进一步的减小，但最终主体存留量变化不大，应该与休憩空间占街道面积的百分比较小有关，所以效果不及增加餐饮业后的主体数量提升显著。

在滨江道的主体随时间变化图中，最终保留的主体占投入主体数量的 78%。在改进后的鼓楼商业街中，最初投放的主体数量是 1 790，最终存留了 1 170 左右的主体，剩余百分比是 67%。与原来模型主体剩余 20% 对比来看，有了明显的提高。

4．业态分布对商业步行街活力的影响

1）商业步行街活力的重要表现在于街区中的业态配比和休憩空间比例。除了商业街中固有的业态——商业之外，其他的业态如餐饮业、娱乐业的加入，会更加丰富街道的空间，满足游客不同层次、不同方面的消费需求。

2）连续大量的单一业态将降低商业步行街的活力。由于人在街区中购物的行为是连续行为，因此不同业态的分布决定了消费者是一直处于消耗状态抑或是消耗与补充平衡的状态。合理混杂消耗型业态和补充型业态是保证消费者在街区长时间停留的关键。

特别是目前对历史街区的再开发项目中，有不少规划自上而下对街道功能进行了生硬的划分，"XXX 一条街"的现象屡见不鲜，其中很多街区活力不足或许就是由这种单一的业态布置造成的。

5．其他说明

该模型仍然是一个非完备的模拟系统，在对商业街中消费者行为的模拟中，以下两点值得注意并需继续深化。

1）在模型环境方面，街道尺度、各种业态对消费者的吸引力、同业态间的定位差距等均会影响消费者的感受及行为，此外，模型中将多层建筑功能业态平面化的做法将纵向联系转变为横向联系，也将改变主体的运动轨迹。总之，模型对环境的考虑方面及抽象程度需进一步探讨。

2）在活动主体的行为设定方面，模型忽略了主体与主体间运动时的互动规则及主体对业态的选择可能性，因此在空间对人的容纳程度上没有限制，与实际情况有所出入。

参考文献

[1] 冯旭, 鲁若愚, 刘德文. 零售商圈的吸引力分析 [J]. 商业研究, 2004(24):117-120.

[2] 李毕万. 浅谈零售商圈理论及其应用 [J]. 商场现代化, 1996(06):7-8.

[3] 赵晓民, 王文革, 陶咏梅. 商业聚集经济性推动与消费需求拉动的耦合分析 [J]. 管理现代化, 2007(05):43-45.

[4] 张利民. 划定天津日租界的中日交涉 [J]. 历史档案, 2004(01):74-80.

[5] 井琛. 基于体能消耗规律的游憩道路设计和管理研究 [D]. 济南：山东大学, 2011.

第 7 章 结语

天津南京路沿线

　　第 6 章借助多主体仿真模拟了近代天津商业形态的演变，观察了租界建设、交通方式改
变及战事这 3 个动力机制合力对城市空间形态的影响，及这三者作用力的改变会给城市商业
空间形态的演变带来哪些改变。另一方面，在较小的研究尺度，本书对天津两条重要的商业
步行街的活力差异现象进行剖析。通过对建模过程及仿真成果的分析与思考可知，作为一种
自下而上的复杂系统分析工具，多主体仿真可以让研究者在面对宏观系统时将问题转化为对
影响宏观系统变化的微观个体的探讨。这些微观个体往往是现实世界中我们所熟知的、易于
理解的、可观察触摸到的，当这些微观个体的行为在时空中大量积累时，就会在一定程度上
反映宏观系统的规律与特性，真正地实现自下而上、从微观到宏观地看待及解决问题。但需
要注意的是，在实际应用中，由于专业的细分使得研究者在面对模型输入过程中产生的大量
多学科知识领域的各种问题时，往往不能得心应手。另外，对于非计算机领域的研究者来讲，
在模型输出上也存在不少的困难。

7.1 多主体仿真应用特性及优势

7.1.1 自下而上的新思路

1. 有效建立了宏观系统与微观个体间的联系

有关城市空间形态演变的早期研究多停留在描述演变过程及对演变机制的定性描述上，对于演变过程的具体表现及各动力机制的作用力大小对城市空间形态演变的影响均无法给予更加直观量化的成果。而从复杂系统视角出发，城市空间形态的演变可以被看成是大量微观个体在时空上的积累过程，因此探求影响城市空间形态变化的各类微观个体及个体间的关系可帮助研究者理解宏观现象的形成过程。

2. 再现真实系统

历史资料的缺乏往往会使研究陷入困境与盲区，但对于多主体仿真模型来说，在了解微观个体作用力机制及历史阶段成果的基础上，往往可以再现真实系统，用于解决实际问题，分析比较不同策略的效果，提供具有参考价值的决策方案。

3. 城市空间发展存在多种可能性

通过改变各动力机制作用力大小来观察近代天津城市商业形态演变的模拟过程，发现实际上动力机制作用力的改变使得城市空间发展存在多种可能性，这其中不乏比现实世界更加优秀、更加集约的城市空间发展方式。通过反复与现实世界比对，可尝试寻求更加健康的城市发展方向。另一方面，不同动力机制作用力大小的改变也会产生同一演变结果，那么在城市空间发展规划的过程中，通过模拟可得出能够引导可持续城市空间发展的动力机制，通过改变它的作用力大小可以实现的最优城市空间形态演变及城市发展方向。

7.1.2 对现实世界的合理模拟

1. 基于计算机辅助的模型建构

上述已说明，复杂系统表现为独立且简单的个体间的相互作用，系统由这些分散的控制力支配。计算机方法对实现简单规则的重复运算的便捷性使得模拟复杂系统成为可能，整个模拟可以概括为从现象出发、模拟系统结构、按局部规则组织主体实现对现象的还原过程。

2. 对现实世界随机现象的模拟

实际系统往往受多种随机因子的影响，通过多主体仿真可模拟产生与这些随机因子相同特性的数值序列，仿真模拟得以驱动。看似随机，实际上这是由确定性过程决定的，每次运行可以得到同样的结果。

图 7-1　自下而上形成的汽车后备厢市集——天津途客体育小镇

7.2 多主体仿真的应用难点

城市空间形态的演变越来越多地运用多主体仿真技术进行模拟，现已取得一系列可喜成果，但在多主体仿真技术应用的过程中及应用结果方面还有很多不足，有待进一步探究使应用成熟化。

1. 微观个体与宏观系统间的关系难以确定

除一些极简单的多主体仿真模型外，大多数多主体仿真模型是比较复杂的，模拟的微观个体不仅数量多，且所具备的属性更复杂，这对主体规则的确定及简化模型都会造成阻碍。如何确定起主导作用的主体并建立与宏观系统的联系是仿真模拟的关键和难点。

2. 难以验证模型的有效性

模型是否有效还需与实际数据进行比对，从而进一步深化模型的量化数据。但因多主体仿真的输入过程与输出结果在一定程度上依赖于建模人员的主观性，因此模型的有效性验证较为困难，仍需继续在实践中探求摸索。

3. 模型输入与输出存在一定困难

研究人员在建立模型的过程中，常因专业知识的细分及多学科交叉领域知识的薄弱，在表达微观个体行为时，往往无法合理正确地建立主体行为规则，导致模拟结果存在一定偏差；而非计算机背景的研究者在模型输出时往往耗费大量时间进行模拟调试，在一定程度上增大了研究难度。

7.3 小结

凡是涉及城市的研究对象多为复杂系统，城市空间形态的演变即是其中之一，多主体仿真技术通过观察作用于城市空间形态演变的大量微观个体，为探求城市空间形态的演变过程与规律提供了全新思路。近代天津在西方文明与现代规划技术的植入下，其城市空间形态演变比一般城市复杂，这为我国研究城市空间形态演变提供了一个具有价值性的研究对象，同时也存在无法运用一般解析方法来说明问题的研究境况。而多主体仿真却能够抽丝剥茧，不再是自上而下地看待问题，而是通过反复改变微观个体的属性及与环境的联系来模拟现实世界。通过模拟近代天津城市空间形态的演变及改变各动力机制作用力大小来探究城市空间发展的多种可能性，不仅为研究者提供了量化研究影响城市空间形态演变的动力机制的新方法，而且对于开埠城市空间的健康发展及合理安排各动力机制作用力大小也有所帮助。

基于多主体仿真的开埠城市空间形态演变的动力机制研究还有很多地方值得探讨，如在建立近代天津空间形态演变模型时通过读入图像文件方式导入现实世界中的真实道路系统。在今后的研究中，研究人员可探讨在遵循现实世界运行规则的前提下，通过编程实现自主的城市空间发展，为更多的开埠城市提供研究动力机制的模拟框架。又如在近代天津城市空间形态演变的过程中，存在很多具有研究价值又有趣的动力机制，如政府政策及社会文化，这些动力机制通常与其他影响因素及城市环境有着更加错综复杂的关系，但其背后往往隐藏着对城市空间形态演变起重要作用的影响因素。多主体仿真为深入研究这些动力机制提供了有力的武器，期待未来有更多基于多主体仿真的开埠城市空间形态演变的动力机制研究成果。

跋
POSTSCRIPT

.

　　这是一本迟到的书。迟到的原因是我的拖延症，因为对书籍寄予的想法过多，迟迟难以定稿。本书的研究基础可以归因我博士论文的研究方向。源于自己生活求学的经历，我对中国近代外来文化影响下的城市十分感兴趣，当时在导师曾坚教授指导下，完成了论文《基于文化生态学的城市空间理论研究——以天津、青岛、大连为例》。这种兴趣在曾坚教授的研究报告《环渤海开埠城市文化的建筑与城市特色的创造》的指引下，转向了对中国开埠城市群体的研究，我并于 2011 年申请国家自然科学基金青年基金项目《开埠城市空间形态演化与动力机制 的 CA 模型研究》，本书主要凝结了此基金项目的成果，并延续下来。

　　本书主要由我（侯鑫）、王绚及指导下的研究生团队完成，其中李波的主要贡献在应用一"20 世纪初天津商业中心转移的研究"；刘洁对应用二"近代天津商业中心在动力机制合力下的演变"和应用三"近代天津商业中心在不同的动力机制作用力下的演变"研究做出主要贡献；吴昊在街区空间的理论研究方面出力颇多。此外，天津大学学生创新实践计划项目"城市商业街业态和设施分布对街道活力的影响"（指导教师：侯鑫。项目成员：刘苗苗、张天娇、王昕宇、李雯婷、刘畅等）对应用四"天津商业步行街活力差异"研究做出重要贡献。

　　当下，中国社会发展表现出两个明显的趋势。一方面，随着计算机算力与算法的进步，AI 智能与大数据技术的发展、智能运算技术与空间仿真的发展一日千里，已经在一定程度上突破了技术的屏障，将迎来全面应用的爆发期。这对于人们重新认知历史、了解事件发展规律，自下而上地认识事物的动力机制具有重要的意义。另一方面，中国城市化率即将超越 70%，城市迈入存量发展时代，社会更多关注生活质量与人的获得感，日益重视城市文化和城市记忆。上述两个潮流是一体两面的，随着技术的进步，限制人民生活质量提高的外部因素从原来的物质条件方面转向文化品质等软条件方面。因此，如何认知城市文化、如何保留城市记忆将成为未来城市发展的重要内容。我们在今后的研究中将继续秉承这两种方法，即用技术的手段认知城市，用对文化的挖掘赋予城市生活新的魅力，这也是本系列丛书所要做的主要工作。我们在今后的研究中将会呈现更多的成果给读者。

侯鑫

2021 年 3 月